U0101173

微精通

MICROMASTERY

轻松到不可能放弃的
技能学习手册

［英］罗伯特·特威格尔 著　欣玫 译
Robert Twigger

江西人民出版社
Jiangxi People's Publishing House
全国百佳出版社

谨以此纪念拉比雅·巴斯礼（Rabia Basri）

（公元 714—801 年）

富有创造力的科学家需要艺术想象力。

——马克斯·普朗克（Max Planck），1918 年诺贝尔物理学奖得主

目 录 *contents*

▲

微精通理论阐释

什么是微精通   *003*

微精通内核   *015*

动态学习   *025*

定位隐蔽的微精通（它们无处不在）   *029*

自助天助   *037*

多项微精通的协同效应   *059*

博识天堂   *069*

创造力的爆发   *075*

| 微精通实践中心 |

1　手绘漂亮的线稿草图　　　085

2　爱斯基摩翻滚　　　087

3　测量洞深或井深　　　090

4　砍伐原木或树　　　092

5　攀绳技艺　　　095

6　站上冲浪板　　　098

7　自选话题演讲 15 分钟　　　101

8　砌一堵砖墙　　　103

9　对话写作　　　106

10　黏土头骨制作　　　109

11　烘焙绝佳的手工面包　　　111

12　空中舞剑嗡嗡作响　　　114

13　编织荨麻绳　　　116

14　独唱，即便是音盲　　　119

15　仰卧推举　　　121

16　学唱《马赛曲》　　　123

17　盘带 + 假动作过人　　　125

18　堆一个超大木柴垛　　　128

19　咖啡 + 盐 = 显影剂　　　131

20　高速逃离，"J"形转弯　　　133

21　做色香味俱全的正宗寿司　　　136

22　讲一个迷得住孩子的故事　　　138

23　合气道，锁定对手　　　140

24　四球杂耍　　　143

25　三牌戏法　　　145

26　树木盆景培育 148

27　制作精美可口的舒芙蕾 150

28　制作精巧的木质立方体 152

29　清新怡人的代基里鸡尾酒 155

30　探戈走步 157

31　钻木取火 159

32　写出一手漂亮的字 162

33　讨价还价 164

34　把菜刀磨得像剃刀那么锋利 167

35　带领小组荒野生存 169

36　3 小时学读日语 172

37　成为街头摄影师 174

38　手工鲜酿啤酒 176

39　自制衬衫 178

｜微精通你的人生｜

释放自己的兴趣 183

你的多个自我 187

朋克微精通 193

微精通 vs 全球悲观主义 197

大、更大、最大的蓝图 203

出版后记 207

微精通理论阐释

▲

什么是微精通

▲

始于蛋，而非鸡

20世纪80年代，BBC有一档电视节目，叫《超级蛋竞》（*The Great Egg Race*），持续播出了很多年，现在在视频网站上还能找到一些。节目主持人是海因茨·沃尔夫博士（Dr. Heinz Wolff），一位和蔼可亲、学识渊博的德国人。就像更早、更别出心裁版的《废料堆挑战》（*Scrapheap Challenge*）一样，开播初始，节目要求参赛者利用有限的资源制作一个小装置以实现挑战目标。在前几集里，所有任务都和一枚不能打破的鸡蛋相关。首个任务是只用回形针、卡片、橡皮筋做一个小机械装置，看谁能把鸡蛋运得最远。这是一个如此简单的题目，却从中冒出了很多富有创造力的奇思妙想。没错，所有这一切都始于一枚微不足道的鸡蛋。

生活的脚步永不停歇。我们总想尽自己所能做到更多、看到更多、学到更多，这一切可能有点过分。我曾一度陷入一种状态：对什么都意兴阑珊。我不得不对自己的生活做减法，而我不喜欢这样。我整天活在错误的假设（就像结果证实的那样）里，好像要学会任何有价值的东西，都得经年累月地学习才行，所以最好忘记它们。

但我内心还是有些抗拒，仍然想学、想做新东西。不过我更乐意把那些"大事情"留到以后去做，现在先从小处着眼、小事着手。

就从一只鸡蛋开始吧。

于是我想，要学多长时间才能成为烹饪高手呢？我想起一位主厨曾告诉我，做一道简单的菜才是对烹饪技艺的真正考验，比如做美味煎蛋卷。通过做简单菜肴，你能感悟烹饪的真谛。所以，我决定改变学习顺序，不是先用1万小时来学习基础烹饪知识，然后在煎蛋卷时运用这些知识以显得自己很专业，而是简简单单地直接开始做这个煎蛋卷就好。

我非常专注地做煎蛋卷。我将其从做饭的基本目标——填饱肚子——中分离开来，所以做了许多次后，我现在进入了一种独特的境界，实现了微精通。

微精通是一种完整的、独立的实践体系，但也可以扩展到更大的领域中。你可以精通一件小事，然后把它做大，也可以二者都做。微精通可被复验，且往往能取得成功。它的实践本身就是令人愉悦的过程。你可以试着去实践微精通，它有一定的弹性，可以对其进行调整。同时，当你用一种三维立体的方法开展学习时，大脑中的各种感觉神经元也会被调动起来，变得活跃。

这类似孩子的学习方法。孩子学习的时候，从来不会理解所有的基本原理，而是觉得这件事情够酷，就学了，会了，然后学另一件事，就像学习怎么让滑板360度空翻或如何制作晶体管收音机那样。我的父亲是位教师，在我小时候，他希望能鼓励我学习，所以告诉我，如果我能解释晶体管工作原理，他就会给我买组装收音机的配件。我立刻变得兴趣索然。我知道怎么做收音机，而且乐在其中，可是解释工作原理是一件成年人做的事情，对我来说太困难、太陌生了，这是不对的。（不过爸爸，我原谅你了。）

匈牙利心理学家米哈里·契克森米哈赖（Mihaly Csikszentmihalyi）提出了一个含义更广泛的概念"心流"，指的是这样一种状态：当我们抱着极大的兴趣全身心投入一件事情时，时间仿佛都停止了。微精通可复验但不会重复，因此它包含了所有使我们能进入"心流"状态的要素，这种状态能带给我们极大的满足感，并增进身心健康。

学习微精通，并不是让你遵循让人失去活力的方法（比如购买入门教科书）；也并不意味着你必须要做那些似乎永远做不完的事情。它的有限性能让你对这个世界保持兴趣，同时消除焦虑，不会让你觉得自己浪费了很多时间。

你有没有这种感觉？学了一样东西，上了入门课，然后放弃了，几年后，在试图给别人讲述你当初所学时，发现自己想不起来了。实现微精通后就不会这样了，学会的东西将始终伴随着你，而且很容易向他人展示自己的所学。比如你学了武术，有人冲你说："来，给我们露一手呗。"你总得拿出点本事来让他们闭嘴，让他们知道你学有所成吧。

微精通的结构以一种关键方法，在更广泛的领域里与诸多重要元素相关联。在一项微精通中，仅用少量文字就能揭示各元素间的关联和平衡关系，这是教科书做不到的。

　　微精通具有可复验性和游戏性。比如大家喜欢你的煎蛋卷，要你再做一个，这时你就会瞄准更高目标，进而将其变为一种自学机制，这样一来，在某种定义下的有限范围内的实验将极大提高你的学习效果。

　　让我们回过头来看看怎么做煎蛋卷。

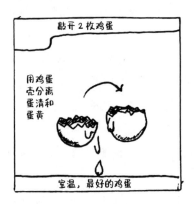

磕开2枚鸡蛋

用鸡蛋壳分离蛋清和蛋黄

室温，最好的鸡蛋

将蛋清打成泡沫状

加热平底锅（中到高温）

将蛋黄倒入蛋清泡沫

在锅里放一勺油、一勺黄油

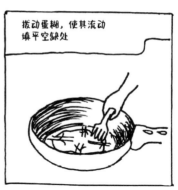

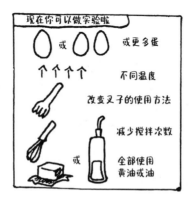

一位厨师教我用叉子使煎蛋卷更蓬松，于是我不断练习，也在网上找到了很多窍门。一位法国女士告诉我要分离蛋黄和蛋清，这将使煎蛋卷的厚度和柔软度加倍。出锅时，大家会惊叹："哇哦！"

我将其称为每种微精通都包含的"入门技巧"。这是一种方法，会增强任务完成的效果，并得到即时回报，让你体内产生有益的化学物质，感受到温暖和美好。

在某些微精通实践中，入门技巧占比很大，是整件事情的主要组成部分；而在另一些实践中，它只是给你足够的动力来推进任务。很多学霸自夸他们有能力搞定多门外语、微积分，或是C++语言编程，但他们看上去都忽略了这一点。学校里那种学习是绝对不行的，那样太枯燥、太乏味、难度太大，还傻乎乎的。入门技巧能将这些缺点瞬间一扫而光。

平衡垒石用到了很重要的入门技巧。你以前可能在沙滩上见过一些石头雕塑家垒过石头。他们将圆形石头和极小石头以一种看似不可能的方式叠在一起并保持平衡，这很神奇。我第一次看到的时候，以为它们是用胶水或金属杆连接起来的……然后一个小男孩把它们撞倒了。当我试图帮忙再垒起来时，那位雕塑家向我展示了其中的入门技巧。

（这些照片是我自己后来在沙滩上学习垒石头时拍的。）

要竖着垒石头

而不是横着

仔细观察，很光滑的石头表面也会有很多小突起

技巧是在同一面找到三个小突起，形成三角形，使垒上来的石头保持平衡

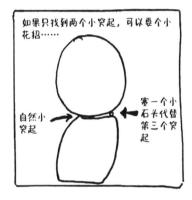

如果只找到两个小突起，可以耍个小花招……

自然小突起

塞一个小石头代替第三个突起

很规则的石头当然好……
因为规则，看起来很光滑

但是如果用放大镜看

其实也是凹凸不平的

另一个诀窍是同时使上下两块石头保持相对平衡，这样就能呈现出一种夸张的悬垂状态

加上这一块就能实现整体平衡

没有上面那块就会倾倒

任何石头都可以平稳地垒上去，不过得先在下面的支撑石的一面上找到三个相邻突起，它们可能很小，几乎看不到。实际上，突起越小越好。这三个突起在同一水平面上形成三角支撑，使另一曲面物体能嵌入其中，让你的疯狂平衡垒石得以实现。

有人会寻找石头上的平面来堆叠，这其实不可行，因为自然界中没有什么东西是真正平的。

平衡垒石不只好玩，还是一种完美的微精通，是一项完整的实践活动。如果你愿意，它也可以带你进入更广阔的雕塑和户外艺术世界。

人人可为

我们羡慕操一口纯正法国腔的人，能用皮划艇做"爱斯基摩翻滚"动作的人，会解二重积分、三重积分的人，能写一首不会被笑话的诗歌的人，画画不错的人，会变魔术的人，砌砖墙而不倒的人。人们认为这些都是很了不得的技能，很难学会。但是如果运用微精通理论，你就可以从一小点开始学，然后逆流而上，探究更多。

这是为什么呢？

无法实现目标的最大原因是半途而废、失去动力、心烦意乱。你可能觉得自己很顽强、很独立，但实际上，我们从开始学习时就需要得到回报来激励自己，尤其在尝试新事物并进行了一段时间的时候。如果在学习过程中不能获得一系列微小的成功，你将失去信心，甚至放弃，特别是在完全自学的情况下。

快速学习技巧、强化课程、捷径都挺好，但是如果拿不出像样的作品，最终你会放弃。你告诉朋友和家人，自己有广博的数学背景知识，或者深谙魔术的工作原理，可这并没有什么用，他们会说："别光纸上谈兵，给我们展示一下吧。"

实现了微精通，你就能得意洋洋了，无论是明着炫耀还是暗着高兴。它使你得以和很多事物相关联，并能获取一切重要反馈。没有人是一座孤岛。然而，我们曾被灌输这样一种想法，认为大家是一个个独立的"大脑"，只会不断汲取知识，直到有一天奇迹发生，成了大师，合格了，能教书了，或被冠上其他一些唬人的头衔。我们并不喜欢这样。人们想要把学到的东西马上传递给别人，而不是再等上 5 年。

咨询专家

各领域的专家都是能帮助我们深入学习的极好资源。为了实践本书所涉及的各种微精通，我请教了很多相关专家，他们研究课题的观点和方法常常是我从未想到的。

我曾和前英格兰学校橄榄球运动员、"尼日利亚七人队"教练鲁珀特·塞尔登（Rupert Seldon）交流过。和我的料想一样，他并不认为旋转传球是橄榄球运动中的一项微精通，而是偏好更具技术性的抛踢球。

杜莎夫人蜡像馆的一位雕塑家告诉过我，用黏土甚至橡皮泥制作人体头骨是一种微精通，它将带你走上雕塑之路，创作出栩栩如生的作品。他还解释了如何透过皮肤"看到"模特头骨的技巧。

我通常会将专家咨询和自己的研究相结合。在日本学习了传统日本武术后，我了解到日本人在大多数的教学中都采用"学习方法 + 自我练习"的方式，这实际上就是一种微精通。

在日本，无论是武道、茶道，还是书法，学习方法都不同于西方。西方人大都持有一种心照不宣的想法：要想成功，你必须从很小的时候就开始学习（有可能受痴迷于此的父母的影响），或者你是个天才。他们相信教学只是一种指导，如果你没有天赋，失败就是注定的。

日本人明白，天赋这东西被高估了。实际上，你的学习态度更重要。因此在教学中，他们假定任何人、任何起点都不成问题。不像西方人那样希望学生在周围环境的影响下自然地、不费力气地学习，日本人会设计出各种常用微精通程序，以使每个人（甚至包括那些看上去能力欠佳的人）都能学到技能。

绘画就是很好的例子。很多人断言自己不会画画，但那通常是说他们不能像别人那样画得好。这就像是说，你从来没看过烹饪书，也没买过食材，所以不会做饭。你不得不从初始阶段开始，从简单、细微的事情开始。

英国儿童文学作家、插画家舒·雷纳（Shoo Rayner）已经为数百本童书画了插图，他建了一个网站，致力于帮助人们学画画。跟我交谈时他强调，任何物体都可以分解成简单的形状，比如立方体、球体、圆柱体，甚至可以进一步分解成直线和曲线。他说："如果你能画一条线，你就能画画。"所以下一步就是画直线，然后画曲线。而曲线，正是画"禅圆"的切入点。

我喜欢首先寻找入门技巧，这是一种内部信息，可使你的最初尝试就高于新手的平均水平，并且引导你走向微精通的道路。对于画圆来说，入门技巧有 3 个，而非 1 个。

禅僧不停画圈

画圆可用铅笔、钢笔，当然最理想的是毛笔。在笔杆中部靠下位置握好，这是提高画圆水平最简单的方法。你会发现，手

有些很圆

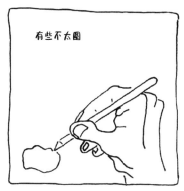

有些不太圆

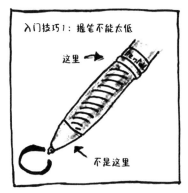

入门技巧1：握笔不能太低

这里 →

不是这里

入门技巧2：运用手臂，而不是只用手腕

整只手臂都要移动

悬腕

入门技巧3：不握笔的手握拳，握笔手置于其上，同时移动画圈

拳头不离桌

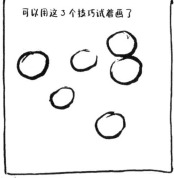

可以用这3个技巧试着画了

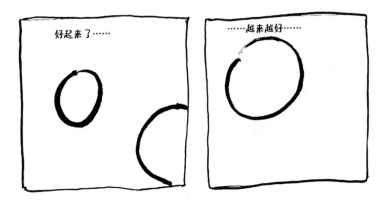

指越靠上，画起来越容易。对于很多人在学校养成的靠近笔尖的握笔方式来说，这是非凡的进步。高处握笔不仅能提高绘画水平，还能改善手写字迹。

可以试着悬腕，用整个手臂，而不是以手腕为界只用手来画圆。从神经学的角度来看，这样做可以刺激更多的大脑区域，学习得更加深入，从而完成更精细的动作。

古典吉他大师大卫·莱斯纳（David Leisner）声称，他曾从局限性肌张力障碍（一种常困扰吉他演奏者的重复性劳损）中恢复过来，靠的就是改变训练方式，从只用手腕弹奏改为用整个手臂弹奏。这种方式不但促进了他的康复，还令人惊叹地提高了他的演奏水平。

还有一个入门技巧，就是握笔手放在握拳手上，这是需要精确画出曲线和圆圈的广告牌撰写工所钟爱的方法。用拳头引导，握笔手同时移动来协同画圆。你可以做实验，看拳头移动多少比较好。

以微精通的角度看世界，似乎一切皆有可能。精美的书籍装订？瑜伽？踢踏舞？还是坦克驾驶？这些技能都有自己的微精通。这会让你感到非常自由，不再受困于日常工作。虽然这世界似乎要迫使我们相信，一生只应该做一件事，但我们其实可以扔掉这个观点，从小事做起，赢回自己的生活。

微精通内核

▲

有些事你不大容易忘记，比如看到某人在森林里钻木取火、某人做了一个完美的煎蛋卷，或是某人带你在舞池中跳了一曲奔放洒脱的探戈。这些富有技巧的活动看上去都有难度，不过真正的困难其实是如何依据必要的结构来管理学习进程，并最终实现目标。

每一种微精通都有精确的结构：

1. 入门技巧
2. 协同障碍
3. 背景支持
4. 成功回报
5. 可复验性

6. 可实验性

了解结构有助于学习微精通，并帮助识别其他潜在的、可学习的微精通。同时，在开始研究新课题时，能使你分辨出哪些部分可以实现微精通，从而提高学习效率及耐久性。

1. 入门技巧

我们此前已经领略了入门技巧是如何使你迈开步子走上微精通之路的。所有新的微精通在实践初期都会存在障碍，而入门技巧能够克服这些障碍，其中有一些是需要增强自信心和熟悉度，有一些则是需要针对学习过程中的每一部分分配合适的重视程度。入门技巧能让你快速地对事物有基本把握，虽然到最后阶段时你可能就不需要它了，不过在最初阶段，它是你最好的朋友。

入门技巧有多种形式。它可以是简单的改进方法，比如握笔位置高一些、做煎蛋卷前先分离蛋黄和蛋清；也可以是专注训练某一方面，比如要掌握站上冲浪板的技能，可以先在家里客厅地板上练习跳起的动作，又比如用滑板做360度空翻动作前，要先转动眼睛和脑袋，然后身体跟上；还可以是对某些事情加以特别关注，比如钻木取火时，保证所有东西干燥并远离地面是比较有用的——真奇怪，湿气怎么都聚集到地面了呢。（如果你觉得说这些有点走马观花，不用担心，我们会在本书的第二部分再详细讨论这些好玩的微精通案例。）

入门技巧使你能够很投入地做事情，你安心地告诉自己，知道了技巧就能做了。即便不能很快做好，起码可以提高速度，让你有耐心忍受长达几小时的练习。

有些微精通包含好几个技巧。比如画禅圆时，你可以改变握笔高度，也可以把一只手放在另一只手上面。有些微精通则蕴含相当微妙的技巧。例如街拍，只是"靠近些"，就能使你的摄影效果得到不同寻常的提高。

随着学习的推进，或许到某个节点时，你会发现自己不再需要这些技巧了，这说明它们已经完成了助你走向完美微精通的光荣使命。

2. 协同障碍

微精通有个关键问题，那就是很多技巧在运用时会遇到协同障碍（也称作技能对抗障碍[1]）。你可能找到了两个有助于开始任务的技能，但它们却不能同时运用。乍一看，你觉得这不是什么难事，但是尝试过后你会发现，这几乎不可能。终于，你会更关注其中的一个技能，使其得到充分运用，另一个技能则只是捎带着，直到成功完成任务。

我们常常把学习技术想得比较简单。你只是把几种技能简单粗暴地堆在一起，不是吗？但是技能既可以对掌握更多技能起积极作用，也可以起消极作用。掌握技能并观察其和其他技能在实践中是如何融合到一起的，也很有用。来看一下汽车驾驶这种需要多种技能配合的复杂任务，换挡就对转向毫无帮助，反而会起干扰作用。所以，把独立的单一技能练到极致，要好过让各种技能互相对抗，那只会让自己受罪。

在这类矛盾里，协同障碍最突出，它是你学新东西时所要解

---

1 神经学认为，对正常人来说，一手摩擦腹部，同时另一手轻拍头部，是一件很困难的事情。——译者注

决的最大麻烦。若能将其清除，就能事半功倍。将相互对抗的技能隔离开是有好处的，这会帮你减少对新事物的神秘感和恐惧感，还有助于将新课题分解成可管理的多个部分。

尝试学习任何有价值的东西时，都会遇到协同障碍，因为大脑需要用不同的路径来控制不同的技能。但是转换焦点并不容易，学习任务常常会"碾压"我们，让我们抓狂，进而放弃。"我就是搞不定！"我们只好这样给自己开脱。

学习看起来很难的新东西时，速学者常常会无意识地关注每个元素细节，这使他们看上去似乎有点学问。但是在太匆忙的情况下，你无法培养自己的学习注意力。你需要不被时间束缚才行。（我发现如果我有 2 个小时可以学习，那我很快就会忘记时间，学习进程也会很顺畅。但是如果给的时间较少，我就会变得慌乱。）入门技巧对此也有帮助，它能缓解技能间的冲突，并辅助其达到平衡状态。

知晓协同障碍的存在，会使微精通实现得更容易——你会因此而集中精力攻克难题。

让我们再回到禅圆的案例上。这里的协同障碍不算太糟——虽然有人因此确信自己不会画画。动作的快与慢是画禅圆时遇到的两个相互矛盾，需要平衡的因素。画得慢会使线条更精细，但太慢的话，画出来的就不是圆而是"变形虫"了；画得快会让曲线弧度更圆润，但太快就成了布满毛刺的鸡蛋，类似卡通人物的头发。

有些微精通遇到的协同障碍不难跨越，很容易对付。在平衡垒石案例中，一旦找到了入门技巧，并有足够的石头，协同障碍也只不过是越想平衡就越难垒上去而已。你需要找到并调整小突起，保持上下平衡，同时要保证整个石塔的稳定。一次让其中三块石头保持完美平衡的移动，却可能会导致整个五层石塔倒塌。因此前后移动石头时，要同时保持局部和整体的平衡，这就像两手要同时摩擦腹部和轻拍头部，有点难。

而对于另一些微精通，协同障碍就是最大的"拦路虎"了。杂耍就是这样的，你得同时一手抛一手接。这里的技巧是，注意力先集中于抛，再转换到接。分离并建构这些技能，会帮助发展相关的神经通路，从而使你玩起来更游刃有余。

如果你愿意，可以为每项技能的专注力或把握程度设计分值，比如抛是 9 分，接只有 2 分。努力尝试运用两种技能，会对人产生压力，而量化技能的核心元素是释放这种压力的极佳方法[1]。如果一味想突破协同障碍，结果往往会遭受挫折。所以，最好不断退回先前状态，调整各项对抗技能的分值，减少它们之间的冲突。

玩皮划艇的人会用"爱斯基摩翻滚"动作来复位倾覆的皮划艇。这一动作开始可能看着很吓人，不过其间的协同障碍很容易克服，只是需要同时用臀部和双手来实现翻转而已，可以分开练习。你可以把皮划艇停靠在码头边，手扶住码头边沿，以这种可控方式来练习臀部用力技巧。预先识别协同障碍可以帮你消除很多恐惧感。

如果想更上一层楼，那要学习合气道的"hajime 训练方法"（hajime 在日语中是"初始"的意思）。一开始，你尽可能快速地练习各种技能，不管做得有多差，只要达到自己的最快速度就好。这将迫使你进入"心流"状态而无暇思考。然后反过来，尽可能

---

1 这个方法源于对提摩西·葛维（Timothy Gallwey）的《灵魂游戏》（*Inner Game*）系列书的研究，这些书非常棒。

慢地做同样的练习。这种差异训练能树立学习意识，使基础对抗技能深深地根植于大脑。

运用对抗技能意味着同时用到大脑的两个部分。大脑"似乎"同一时间只能做一件事，如果你非要这么认为的话。如果能抛弃这种想法，你就会发现，自己其实能驾驭需要同时用到大脑多个部分的多种复杂技能。"思考"——我是说在大脑里反复念叨并遵守各种说明的那种思考——使人看上去像个傻瓜。然而，对某件事能越快抓住感觉并马上去做，效果越好。

操作指南也有用处。学开车时，教练有时会在后车窗上做标记，这样你每次停车时都能恰好使车平行于街边的路缘石。练习过一段时间后，对方位有了感觉，你就可以不靠标记而只用自己的眼睛了。这对于初学者来说简直是一门艺术，不过实际上，我们本来就很擅长靠眼睛来做事情。19 世纪，车匠们不用测量工具，只靠他们敏锐的感觉就能制作出精良的车轮。靠眼睛来做事意味着我们相信自己能够妥善运用对抗技能。

3. 背景支持

尝试一项微精通之前，需要良好的装备、时间和开放思维，它们会为你创造最大的成功机会。你不该太仓促，甚至需要考虑合理利用闲暇时间——喜剧演员史蒂夫·马丁（Steve Martin）学习班卓琴的时候，在家里每个房间都放了一把琴，包括浴室。你需要扫除成功路上的一切障碍。

任何能帮助摧毁协同障碍的工具都属于合适的装备。比如练习自由潜水时，协同障碍是难以平衡下降速度和耳压。下降速度太快会让你的耳朵疼得不堪忍受，太慢又潜不下去。很多人会用简单的工具——医用耳塞——来突破这一点，它们能让水缓慢流过其上的一个小洞，从而均衡压力，还能减小耳朵感染概率，音乐家们也在用它们。对于街拍，协同障碍存在于快门速度和抖动模糊之间，这可以用一台能够快速对焦的小型相机来解决。

总之，正确的装备意味着适合你自己的装备，能够激励你一遍遍坚持练习。在胶片摄影中，有人会即兴用速溶咖啡＋维生素C作为显影剂，是的，这可行。尽管用起来比专业用品要麻烦，但它是合适的装备，而且好玩，有吸引力。

拥有一支心爱的笔有助于画禅圆。艺术家和插画家往往有自己的喜好，舒·雷纳偏好德国红环艺术钢笔，作家兼插画家丹·普莱斯（Dan Price）喜欢日本樱花纤维笔。而我已经爱上了漫画家使用的日本派通毛笔，用它画起禅圆来乐趣非凡。

背景支持不仅限于装备，还包括周围的环境和人。在我女儿几乎要放弃吉他的时候，我帮她请了另外一位老师，结果是，她不但学得更快了，而且更有热情了。合适的老师能带来巨大的改变，他们并不需要有多么卓尔不凡，只要能让你愿意对自己感兴趣的事情投入更多精力就行了。就像医生辅助人体自愈一样，老师会引导我们的注意力，并帮助我们自学。

4. 成功回报

所有微精通结构中都含有某种成功回报，使你愿意重复实践。微精通有难度（例如玩杂耍，用折纸来验证毕达哥拉斯定理等），这一事实将带给你动力。你可能有不错的动机，或面临自我挑战，或二者兼而有之，但无论如何，在实现微精通的过程中，你都需要取得明确的、毫不含糊的成功。所以说，烹饪、汽车驾驶、划皮划艇都不属于微精通，而做煎蛋卷、手刹转弯、爱斯基摩翻滚确实是微精通。

成功有不同的定义，大小也有差异。越是亮眼的成功，得到的掌声越多。我们都需要别人的关注，这是人们汲取精神营养的重要方式。从进化的角度来看，不只是婴儿阶段，人的一生都需要处于群居状态。我们发现在野外，在一群人中远比独自一人容易存活，而得到旁人的注意意味着我们是群体的一员。当然，就像断奶一样，你需要戒除过多的关注需求，那样才是健康的，不过你仍然需要一些关注。我们给自己的关注甚至都是一种个人回报，不论他人是否知晓，我们陶然自得，尽享温馨。

对于某些人，公众回报会是一种强大的推动力。史蒂夫·查普曼（Steve Chapman）是教练和创造力讲师，他向公众宣布自己的挑战，用可能蒙羞的危险来驱使自己勇往向前。这是用恐惧来克服懒惰和注意力不集中的独创性案例，用一种消极来战胜其他消极品质。

仅仅是变得"更有用"，就是一种巨大的动力，也是一种你所需要的回报。如果你能烹饪美食，是个开心果，特别有趣，还懂修理，那你得到的回报就绰绰有余了。

不论事情有多小，微精通都能让你感到有所收获。我画禅圆的时候，常常画满整页但不让它们重叠，由此呈现出的气泡效果也增加了我的回报。

5. 可复验性

微精通必须能被不断重复，因此它不能太无趣、不灵活或一成不变。最重要的是，你要能越做越好，一遍遍实践，看着自己持续进步，那真令人惊叹。

我曾给自己布置过一个微精通任务——无论何时去咖啡店，都要画出里面的杯子、勺子、碟子。有时我画得很精心，真的是静物写生呢。有时却非常匆忙，随便划拉几笔画出草图就算完，连1分钟都用不了。这没关系，只要我坚持下去，不断重复这个简单的任务就好。我能感觉到自己越来越自信，观察力也越来越好，能注意到更多周围的东西。因为即使在画得匆忙时，我也没有处于既怕画错又怕因故画不完的半恐慌状态。这些不大的、对自我表现的担心，会伴随我们，甚至盘踞心头，使我们不能轻松地尝试新鲜事物。通过设定时间和可重复模式，你可以赶走那些恶魔般的自我怀疑。

市场营销人员的"杀手锏"是增强事物的可游戏性，这意味着过程可重复，结局令人惊喜，从而让人上瘾。如果太容易预测结局，就会让人觉得无聊。每次煎蛋卷都是不一样的，就像每场杂耍、每个禅圆都不一样，你有机会在下一次做得更好，这就是可游戏性。要想做到这一点，微精通就需要易重复，比如写小说就不算微精通，但写一百字的微小说就算；攀登珠穆朗玛峰不是微精通，而攀爬岩墙就是。

6. 可实验性

微精通就像一间微型实验室，是一个可做无数实验的地方，它能拓展知识面，带你深入课题研究。实验不属于科学范畴，因为科学只是擅用了人类好奇心的深层形式而已。

通过实验，你能对反复做一件事情增加兴趣。你进步神速、收获满满，这让你愿意持续不断地练习、完善改进。

很久以前，我决定实现皮划艇"J"形划法的微精通，这种划法在你位于艇尾或独自操控加拿大皮划艇时会用到，"J"是俯视时船桨划水路线的形状。我研究了相关资料，并到附近的河里去练习，但总是做不好。

然后我请教了我的表弟西蒙（Simon），他是这方面的专家，也是前奥运会代表队的皮划艇选手。他很谦虚地告诉我，大多数情况下他会划成"C"形，而不是"J"形。我豁然开朗，他是让我做实验啊。我应该早就开开心心地划"C"形、"L"形、"J"形，甚至"Z"形，而不是照本宣科，一味钻研操作指南。我立刻划得好起来了，找到了自己的有效划桨方式。

每项微精通的实现都是螺旋上升的过程，总能让你乐在其中。这种方式能让你了解各种变化——这些变化能够推进到什么程度，它们是怎么相互影响的。学习成果型教学的一个致命错误是，快速地进行没完没了的实验，浪费时间。你该坚持画圆，用黏土做头骨，练习自行车前轮离地的平衡特技，不去想学习结果，那才是真正的学习。

动态学习

▲

亚历山大·霍普金斯（Alexander Hopkins）是世界一流的中世纪风格乐器制作者。他在青少年后期就开始做琴，之前未经过任何培训。他很清楚自己想做一把小提琴，于是买了一本乐器制作书，但是看不懂，书里没讲明白啊。沮丧了一阵后，他决定根据自己所知，照着图片，抱着最美好的愿望来做。结果做出来的琴惨不忍睹。但是再回头翻书时，他终于看明白了，于是又做了一把，这次相当不错。

阅读书本只是一种静态学习，而一些实践性强的体育运动，如武术，就没法靠看书学会。但是，一旦找到了其中的门道，你就可以通过读书来提高自己的技能水平。

静态学习遵循一定的步骤顺序，而动态学习关注步骤间的关联，以及每一步骤该分配多少关注度。正如我们前面讨论过的，学习的本质是观察，它能让我们清楚如何抓住每一步骤的重点所在。亚历山大·霍普金斯没人可观察，但是通过先做一把粗陋的小提琴，他摸索出了一些基本原理，比如制作过程中每一步的重要性差异。某种意义上，这个初次尝试就像一项微精通——一种可贵的动态学习。

自信心、中心点、平衡性

学习微精通，除了了解其结构组成，研究自信心、中心点、平衡性之间的动态关联也很有帮助，我发现这会让我感觉整个任务非常现实，是真实存在的。

我是从合气道八段大师雅克·佩耶（Jacques Payet）那里学到这一点的。他教了我一些简单却非常有效的东西：在任何进攻或防御时都要找到自己的物理重心，这样就提高了平衡性，进而增强了自信心，然后更确信自己的重心到底在哪里，这是个利于进步的良性循环。相对的是恶性循环：你的自信动摇了，找不到重心，从而失去了平衡，更加削弱了自信心，导致表现不佳。

学习微精通时要知道，所有的东西都围绕着中心点运转，找到中心点是自信心的源泉，也能让你更容易理解微精通。显然，这比其他因素都重要得多。

那么做煎蛋卷的中心点是什么呢？这听着很有参禅的味道，不过思考这点也许能帮你提高技巧。在有些微精通实践中，你可能需要考虑正确的态度、正确的立场、正确的设置，不过在所有这些考虑中，有一件事至关重要，那就是找到中心点。对于煎蛋卷来说，中心点就是加热锅，这关乎炉子的火力、锅的型号及油的种类。你需要聚焦到中心点上。劈柴的中心点在于斧柄，而不是斧子头，通过斧柄感受重量，并用合适的力气劈下去就好。

有些活动的中心点很明显，找起来比较容易，比如冲浪和跳舞，有些则具有隐蔽性。中心点几乎总是存在于协同障碍之中，正如我们已经看到的，画禅圆时需要达到形状够圆、线条够光滑之间的平衡，所以这里的中心点就是你要能控制好自己的手臂走位，以便同时满足上述两个条件。

识别努力重点

我的耳朵进了水，眼睛也被水中的氯刺得发痛，这种难受感觉和你被很多水淹没时一样吧，许多人（和皮划艇）都有这种经历。我练习爱斯基摩翻滚已经好几个小时（可能实际上只有 1 小时，不过我感觉像有 10 小时了），可是只成功做到了一次标准动作，我学得很艰难。

学习任何东西都有多种难易不同的方法。容易的方法包括各种所谓的"投机取巧"、诀窍，能让你学得更快。微精通旨在让学习变得容易，而非困难，因为学习中最大的障碍就是耗费时间太长，造成半途而废。

我最早开始练习爱斯基摩翻滚是在童子军训练课上的游泳池里，当时我才十几岁。这个动作是人不离船而让倾覆的皮划艇恢复正位的标准方法。操作指南冗长而烦琐，我和其他孩子什么都没听进去。老师坐在一条很小的、前部扁平的皮划艇里只演示了一次。我们不知道在每个技术步骤里该投入多少精力，于是每个环节都拼命练习，搞得疲惫不堪。这就是很多人失败的原因，他们不知道哪里是该重点努力的地方。

其实每项活动都能找到一些努力重点，所以你要学着适时踩刹车，保存精力，在需要的时候迸发出来。

爬绳是个很有启发性的例子。诀窍是你得省着点用手臂力气，否则爬不了多高。像所有的攀爬模式一样，你的脚才是关键，要学会站在绳子上，让身体的重量都集中在脚上。如果是粗绳，可以踝关节用力，两脚交叉缠在绳子上；如果是细绳，两脚一高一低，将绳子"S"形缠在双脚上，高位脚往下推绳圈。站稳后，可以松开双手，轻微地摇晃身体，爽。只有当人需要挂在绳子上时才需要用到手臂力量，向上移动时则用不到。然后你的双脚往上挪，在绳子的更高处锁定、站好——膝盖负责支撑人体向上。抬高膝盖的时候，手臂要集中用力。动作越快，越协调，手臂、手指就越省力。找到了努力重点，你就成功了。

冲浪运动也需要类似爬绳那样集中、协调地使用力量。一旦站上了滑行中的冲浪板，要一直滑行并不难。难就难在，在浪头过去或冲浪板失去平衡之前，要能迅速、轻松地站起来。如果你冲浪前不单独练习单板站立动作，恐怕在海里都没机会用到它，只会感到疲惫和寒冷，因为你根本站不起来，只能泡在水里，当然，你也就一直学不会了。

在所有这些项目中，爱斯基摩翻滚、爬绳、冲浪的努力重点都在协同障碍之中，属于活动的核心内容。而且，因为每个活动都仰仗至关重要的特定力量，所以看上去非常难做到。不过也不一定。

微精通推进伊始，若有学习工具来打破协同障碍会让人惊喜，它能建立合理分配精力的层级结构。你只要在最关键的时刻集中精力奋力突破就好，而不需要全程都使出吃奶的劲儿。

有些微精通进展缓慢？当然，有快有慢。不过如果在快速推进的过程中遇到了阻碍，可能是因为你没抓住努力重点，这是解决协同障碍的快速方法，属于微精通的核心内容。

定位隐蔽的微精通（它们无处不在）

▲

　　一项微精通必须表现出不同寻常的技能。它必须看上去有难度，让他人和你自己都因你的成就而竖起大拇指。越有挑战，越要学习。转述鲍勃·迪伦（Bob Dylan）的话就是，人类是学习型动物，不再忙着学习时，就会忙着死去。

　　塔希尔·沙阿（Tahir Shah）是一位旅行者、故事讲述者、作家、摄影师，他说："只有那些具有陡峭学习曲线的东西才值得学习。"进入这样的学习时，你必须静下心来，不再给自己找借口，就像学游泳，要么沉下去，要么浮上来，而人类是擅长游泳的。

　　所以你要找有难度的事情来做。随机举个例子，园艺。从播种开始培育一种稀有热带植物，用嫁接法培养自己的杂交兰花，这些都是园艺中的微精通。你可以利用自传性的、有大量图片的优秀教科书来对微精通做深入研究，比如可以从罗素·佩奇

（Russell Page）的《园丁教育》（*The Education of a Gardener*）开始着手。不过要使用正确的阅读方式。任何人都可能建议读教科书，但是你能否以微精通的视角来读，这很重要。关键是要找出那些被定义并限制在一定范围内的东西——实现这些东西能得到可验证的、明确的回报。

对于微精通，我们总是追求凭一己之力完成。大多数的其他学习方法都不够私人化，是为理想化初学者设计的，但是这种人在现实中根本不存在。让我们随心所欲地选择一些园艺中不够亮眼的项目，比如草坪养护，来看看微精通是如何实现的吧。

草坪养护包括修剪、施肥、补播并滚压使草坪完美等。对我来说，除了滚压草坪，其余都很无聊。这让我脑海里浮现出一个巨大的碾子，我记得学校里用过，为了保持板球场地面平整，由六个男孩一起操作，他们累得气喘吁吁——这通常是一种针对犯错学生的惩罚措施。我喜欢这个主意。好吧，我要用微精通的方法把草坪滚压到不能更平，那样就可以在上面玩门球游戏和草地滚球了，还可以将其作为高尔夫球的轻击区。

规则 1： 发掘乐趣

寻找一项活动中的乐趣所在，是确定你能实现的微精通的最佳方法，也是着手方法。滚草坪是我能联想到的唯一有趣画面，不过我知道，一旦开始研究草坪养护并咨询专家，我就可能发掘到更多的乐趣。

当我回归模拟信号时代的摄影（即胶片摄影）时，我老老实实地用了 35 毫米胶卷，但还是那种使用更大尺寸的 120 胶卷的笨重老式双镜头照相机更加有趣。

我找到了乐趣所在，并据此策划了一项微精通：每天拍满一卷120胶卷，能拍12张相片，再用接触印相法印到一张A4大小的相纸上，贴进日记本里。我用白色的笔给照片加了注释和插画，这样更好玩了。这个活动具有可复验性、可实验性（我采用了各种型号的胶卷，包括已有20年历史的俄罗斯胶卷），而且协同障碍还不大（曝光、抖动与时间之间的平衡问题，在摄影中总是暂时的）。所有这些都来自用一台别具一格的相机和大尺寸底片发掘出的乐趣。

我曾想写部小说，折腾了一年，毫无进展，还倍感焦虑。然后有朋友建议我写微小说——完成一个故事前我都没从椅子上站起来过，用时非常短。这听上去比纠结于一部宏大的、总也完结不了的手稿有趣多了。我开始一天写三篇微小说，这成了小说写作中的微精通。随着时间的推移，我掌握了写长文章的技巧，最后，真的写成并出版了一部完整的小说。

这里讨论的不仅是学习新事物时遇到的困难，还有一些特别的方面，这些方面更能引起你的共鸣。这关乎你的亲身感受，而不是他人。其中的关键点是，聆听内心的召唤，看自己初次接触新事物时，是一见钟情还是立刻厌恶。

我开始对绘画感兴趣并关注艺术家作品时，发现自己本能地喜欢上了丹·普莱斯的简约工艺钢笔画。它们看上去很有趣，我想我也能画，这就是一种你能着手的迹象和信号。

你很容易对自己的喜好三心二意。广告用影像对我们"狂轰滥炸"，意在改变我们的思维；电影、电视、商店陈列以及我们每天遇到的人都在做着同样的事情。有时你需要逃离这些，正视自己的喜恶。一位好心的艺术家朋友建议我先画炭笔画，但是我关于炭笔画的儿时记忆糟糕至极，不想重蹈覆辙，我需要一些新的东西来切入。我发现自己喜欢纯粹的黑白画，而且已经开始在我的照片上画了，这就是着手方法。

规则 2：探尾索犬

摇来摇去的狗尾巴很可爱，但这只是开始，你会想要了解这只狗的全部——也就是说，你想学习并精通整个领域。

在草坪养护例子里，滚平草坪后，你会想来一场户外游戏。但有些地方的草可能太稀疏，需要补播并培育。此外，需要将草坪修剪平整，这就要求有合适的装备——那种老式的鼓式割草机，而不是现代的旋转式割草机。

现在，我有了合适装备作为背景支持，回报是一片漂亮的草坪，可复验性是经常需要修剪，我还需要把修剪环节分解出入门技巧和实验方法。入门技巧在 YouTube 或 Instructables 这样的网站上能找到，还可以咨询草地保龄球场主这样的专家，询问诀窍是什么。窍门总是会有，可能还不止一个。这些就为我的实验打下了基础，使我能将滚压和种植有机地结合起来。哇哦！我兴趣盎然。（这个课题我以前根本没考虑过，所以现在兴致勃勃。）

再来瞧瞧完全不一样的东西，国际法如何？我对其知之甚少，兴趣也是寥寥。毫无疑问，如果是我自己要参与案例之中，境况就不同了，但是用微精通的方法，我们会试着挖掘出自己的切入点，即便它最初并不存在。

所以，要跟着兴趣走。法律包括判例和案例，本质上都是事件陈述。我的方法是，找出那些最不可思议的国际法真实案例故事，然后很自然地将其与其他案例关联，这是绝佳的记忆方法。

这可以是我的入门技巧，使我相较于那些受累于密密麻麻、枯燥乏味的案例清单的人，更具优势。下一项是什么？

规则 3：立体学习，多元感知

神经系统功能的最新研究表明，大脑的绝大部分由多感知神经细胞组成。也就是说，一类脑细胞能处理多种感觉，如嗅觉、视觉，而不是一一对应。所以，我们学习时，用的维度、感官越多，效果越好。

因此，对于国际法这种有些枯燥的领域，我们需要找寻更多的感知方法和学习维度，比如会见当事人、挖掘真实情况等，这些很容易通过互联网实现。直接去避难中心了解事件进展，而不是只读卷宗。跟深海捕鱼人聊聊哪里能捕到鱼，还可以向他买点。一切与所学相关的感官体验都能增强我们的记忆和认知。

为了使兴趣与立体学习方法相结合，我想拜访世界上某个颇具争议的岛屿，和当地居民交流经验。如果不能实地考察，我会和他们通电话，要照片。我的微精通可能会围绕着这样的尝试：在北部海域的废旧天然气平台上建立一个新的国家，叫"西兰国"（Sealand）。我还需要实践可复验性，比如设计一套以争议岛屿和地区为特色的"顶级王牌"（Top Trumps）卡牌。

你会看到，或紧或慢地把玩微精通的各种概念，有助于更深入的研究和探索。它是你发现新项目并用六个要素（入门技巧、协同障碍、背景支持、成功回报、可复验性和可实验性）进行结构化的方法。

规则 4：咨询行家

在把微精通结构应用于某个新的活动之前，需要请教该领域内真正懂行的人。不过，专家可能不完全是你想象的那样。在我看来，有些人一样工作做了 20 年，但未见得比一个新手更能发掘兴趣点。能用计算机程序动态搜寻好玩的东西，比只是静态了解其功能要有用得多。孩子往往在正式弄懂一个东西之前，就能发现其中的很多乐趣。

那些尽管自己不会做，但是能清楚解释一样事情的人也具有专业水平。你可能会从一位从未写过书的编辑那里获益匪浅，因为他知道故事该如何发展。相反，一个为写作而生的成功小说家不见得能教你怎样才会写得好。

再来画画如何？

我画禅圆已经有一阵子了，于是开始找周围难度更大的东西来画。我发现自己喜欢画稀奇古怪的玩意儿，比如意大利咖啡壶和藤椅。有时人们也会对画画感兴趣，但那都不是真正的微精通，因为他们涉猎太广。

我需要识别协同障碍，以便能专注解决它。做了很多实验后，我恍然大悟，原始艺术创作很像我这种未经训练的绘画尝试，也类似人们在自己的课题上反复学习渐进经验的"尝试—实验"方法，这的确不错，比如从欧几里得着手开始学习数学，从伽利略开始学习物理学。

很快，我在画流畅线条时发现了协同障碍。所有伟大的艺术家都能画出优美的线条，不会歪歪扭扭，它们流畅，走向恰到好处，这是史前艺术中最基本的技能。所以，通过临摹例图，用圆珠笔或是细纤维笔练习、实验并提高画线技能，我找到了我的微精通。

我有几本关于壁画和旧石器时代艺术的书，我非常喜爱里面绘画和雕塑的纯粹质朴感。我没说要弄懂它们，事实上没有人能完全搞明白，毕竟那都是可以追溯到1万~3万年前的东西，不过这些图像仍然充满了美感和趣味性。就像初学艺术的人觉得人物肖像和面部绘画比较难一样，史前人或许也有同感吧，所以他们不注重脸部，而专注于动物的侧面。

你可以照着书画野牛和奔马，不停地练习画大量的曲线。你还能了解到一些相互矛盾的事实：3万年前，犀牛生活在法国周边，日常开展着头部撞击比赛，而我们的祖先在山洞里画着它们的壁画。

我从小就喜欢位于伯克郡的由白粉嵌入深沟形成的"优芬顿白马图"，它是当地议会的象征，这突显了其影响力。这幅典型的简化图像由几条优美的线条构成马的形状。我小时候只是单纯地欣赏它，很多年后，通过临摹它，我发现这满足了微精通的可实验性要求，你可以画不同的线条，但并不一定会毁了画面，只是创作出了很多充满奇趣的新画像而已。

所以你看，在任何领域里，识别微精通都需要调研，但不必太复杂。你需要研究活动的重点，尤其是协同障碍的中心所在。它们可能人尽皆知，或许你也可以通过翻阅从业者访谈记录得到这些建议。一旦发现了一项微精通，说不定，更好的另一项正在转角等着你呢。

自助天助

▲

人类是学习型动物——我们必须这样做。为了积极度过人生，每代人都需要学很多东西。我们的一生不可避免地会遇到很多变化，所以必须能分辨哪些变化是新的、紧迫的，以便及时应对。最后，必须活到老学到老，以保持大脑的基本功能运转正常。

微精通是一种理想的学习策略，同时也是一种尝试开展新的潜在课题研究的方法，对人一生的学习都大有裨益。

大脑可塑，用进废退

我们都受困于这样的印象：大脑决定行为方式。过去的很多年里，人们认为大脑灰质的数量恒定，更糟糕的是，从 20 岁起，或多或少会开始退化。现在我们知道这完全是错误的。神经系统的生长和改善贯穿人的一生。迈克尔·莫山尼奇（Michael Merzenich）博士是研究大脑可塑性的一流学者，他这样写道：

> 大脑塑造是一个物理过程。灰质实际上能变厚或缩小，相应地，神经连接可得到锻炼并增强，也可能被削弱甚至切断。大脑的物理改变会体现在能力的改变上。例如，我们学会一个新舞步时，它反映出大脑的一项新改变：负责指挥身体走出这个舞步的新"连接"（神经通路）已形成。如果忘记了某人的名字，这也是一种大脑改变的表现，说明负责记忆的"连接"退化甚至损坏了。这些例子表明，大脑的变化可以导致技能提高（如学会新舞步），也可能导致技能退化（如忘记别人的名字）。[1]

"用进废退"这个词用在我们具有可塑性的大脑上再贴切不过了，和微精通也有明显的关联。微精通具有多样性，能快速学习，所以，在一生中，我们始终有机会持续动脑，让大脑得到充分的锻炼。从生物进化的角度看，生活导向的微精通获得起来更"自然"，类似我们祖先狩猎采集式的自由博识的生活方式，而不是现代靠电脑屏幕实现的受限的媒体生活方式。

大脑的连接方式决定了微精通有明显的进化优势。处于险境时，大脑会非常专业地断开连接。

我们前面提到过古典吉他演奏者或其他人群遭受的肌张力障碍病痛，如果人体的某部分被持续高强度使用，比如手和手指，其他部分却闲置，大脑将调整连接，一定程度上认为手指和手腕

---

1 参见迈克尔·莫山尼奇：《软连接：大脑可塑性新理论如何改变你的生活》（*Soft-Wired: How the New Science of Brain Plasticity Can Change Your Life*），Parnassus 出版社，2013 年。

周围区域都是没用的。久而久之，根据"用进废退"原理，巨大的差异会使没用到的区域"停业"，甚至导致其他用于弹奏吉他的"零部件"都失去控制。最后，吉他弹奏者什么都玩不了了。我们已经了解到，重建连接是一种有效的治疗方法，即用整个手臂来演奏，而不是只用手指，这能使大脑慢慢重归平衡（不会过于刻意），为人体构建一张合理的"神经体系图"。

赫布律（Hebb's law）是神经学的一项基础发现，认为"同一时间被激活的神经元间的联系会被强化"。如果你第一次去巴黎旅游时遇到下雨，这两件事就会总被联系在一起。更广泛的含义是，经验越丰富、越多样化，对感官的影响越大，事情在大脑中留下的印象越深刻，大脑连通性也就越强。这不但能增强记忆，还能防止衰老。

惊讶于当前老年痴呆症发病率如此之高的人，一定会同意莫山尼奇博士的观点。他的大脑训练公司主要治疗认知衰退患者，认知衰退使人缺乏多种感觉需求。靠自动驾驶仪活着是容易的，但长此以往，人的基本认知能力会丧失殆尽。与之相反，自由博识的生活方式会让你的大脑充满活力。

这世上只有 3.4% 的人是"天生的专家"[1]，其余人想成为专家都需要依靠外部力量，通常靠经济。在商业领域，那些伟大的"呼风唤雨者"博采众多传统独立领域之长，研发新产品，开拓新市场。基于自由博识的生活方式，他们不仅强化了自己的认知能力，也实现了物质繁荣。这也是一种用进废退。

1　参见罗尔夫·林格伦（Rolf Bøe Lindgren）：《从五大人格特征看雷蒙德·梅瑞狄斯·贝尔宾的团队角色论》（*R. Meredith Belbin's Team Roles Viewed from the Perspective of the Big 5'*），挪威奥斯陆大学心理研究所研究论文，1997 年。

锻炼记忆

你最后一次想要把东西记在脑子里是什么时候？现在有了 4G 手机，我们真的什么都不需要记，不过我们也能意识到，这是一场小小的灾难，我们的长、短期记忆都因之受损。

如果像专业人士那样总是重复做一件事情，大脑中已有的神经网络将得到强化，但不会产生新的神经通路。也就是说，中、短期记忆的使用越来越少。有一项直觉经验最近才得到科学的认可：记忆不被使用就会衰退。如果不去需要自己确认各种方位的新地方，比如记商店位置，找返回酒店的路，甚至记停车位，你会逐渐失去认路的基本技能。把记忆作为一种技能来训练，对人是有帮助的。

记忆方法有好有坏，庆幸的是有些诀窍管用。例如，持续制作内容精确的旅行手账，附上照片，回忆起来就会容易得多，因为大部分需要回忆的内容都已呈现眼前。

如果我们对周围一切都非常熟悉，看见了也只不过是扫一眼，知道个轮廓，这样在大脑中形成的印象就不深。日复一日，越发熟视无睹，我们将生活在一个只知大概、不懂细节的世界里。因此，神经学家及学习专家迈克尔·莫山尼奇总是试图改变他的回家路线，以保证他每天都能注意到新东西。同时他也和别人谈论这些新事物，这更加有助于提高记忆力。

这样做就够了吗？有一点有些特别，甚至颇具讽刺意味，那就是，一个人只有记得时，才会用到自己的记忆。斯坦利·卡兰斯基（Stanley Karansky）博士在 90 岁时仍自称是终身自我教育者。与其浅尝辄止，每个新的兴趣点都该转化为一个充满激情的、走向精通的新课题。在一次与诺曼·道伊奇（Norman Doidge）博士的访谈中，他说道：

> 5年前，我对天文学有了兴趣，成为一名业余天文爱好者。我当时住在亚利桑那州，那里的观测条件非常好，所以我买了一架望远镜。我愿意全身心地投入我的兴趣爱好中。然后，在水平提高后，我就不花太多精力在这方面了，而把学习触角伸向了别处。[1]

卡兰斯基博士实质上是对其各种兴趣逐项实践了微精通，这种专注的、强效的学习给他带来了健康回报。尽管他曾两次心脏病发作（分别在65岁和83岁），但都完全康复了。相反，他的父母没有他这种对学习的痴迷，去世得比较早，他的母亲在四十多岁时、父亲在六十多岁时就走完了一生。

痴呆症的加重不仅与"不学习"相关，年复一年，患者也会对周围环境越发觉得"单调乏味"，敏锐感和兴趣度日益降低也是因素之一。缺乏准确度会减弱工作记忆，这是很多慢性认知障碍患者病程的第一阶段。事实上，你可以学习任何东西，去做实验，沉迷于一项具有游戏性的技能训练，拥抱微精通理念，这样就再也不会觉得无聊了。

书本靠后，感官向前

> 别惦记着艺术创作，努力完成就好。让其他人来评判好

1　参见诺曼·道伊奇：《重塑大脑，重塑人生》（*The Brain That Changes Itself: Stories of Personal Triumph from the Frontiers of Brain Science*），Penguin 出版社，2008年。

坏，不管他们喜爱与否。评价的过程会创造出更多的艺术。

——安迪·沃霍尔（Andy Warhol）

现在大多数的知识传播都依靠基于文字的教学，要求标准、规范和可控。在以前的年代，学校的艺术课都是有关绘画的微精通实践，现在不一样了，你可能还得阅读艺术理论书籍，并且学习艺术评论。

人们认为以文字为基础、书本为中心、再加评论的学习模式比其他方法的效率要高，所以忽视了探寻和观察的作用。然而，微精通方法与大脑的实际运作方式更合拍。

因为布满了多感官而非单感官神经元，大脑能够同时记录声觉、触觉、嗅觉，甚至痛觉，这一发现支持了大脑具有高度互联性而非局部分割孤立的观点。大自然决定了我们能够博识，我们的各种感觉不仅能联合起作用，实际上还能互相促进。如果你在吃培根前听到了它在锅里发出的"滋滋"声，那嚼起来一定会觉得更加美味。[1]

人要先能感觉到某种声音，才能对其有所认知。研究表明，如果在听到声音的同时感受到相应的空气振动，你对这种声音的辨识度会加深，即便只是风从你的脚踝边掠过。[2]

有这么多的感觉相互沟通、交融、激发，难怪会有通感（联觉）出现，即一种感觉的唤起不经由直接刺激引起，比如人们会

1　该研究始于 2012 年，由牛津大学实验心理学系的交叉研究实验室（the Crossmodal Research Laboratory）负责人查尔斯·斯宾塞（Charles Spence）主导。

2　参见布莱恩·格克（Bryan Gick）和唐纳德·德里克（Donald Derrick）：《空气触觉与语音感知的整合》（*Aero-Tactile Integration in Speech Perception*），《自然》（*Nature*）第 462 期（2009 年 11 月 26 日发行），第 502 - 504 页。

视音乐为各种色彩，这叫色听联觉。

关于大脑的陈旧的、错误的观点是：每种感觉都有自己的一一对应区域，联觉是异常的，是一种大脑损伤现象。一些脑损伤的人有时会表现出很强的联觉能力，也加深了这一谬误。但是随着对多感官神经元认知的提高，我们开始看到，联觉并非无关紧要的经验之谈和边缘科学，而是身处关键地位。

神经学家现在认为，"超刺激"效应是存在的，它是一种脑力协同效应，我们联合各种感觉认真做研究时就会产生这种效应。它深嵌于大脑连接中，催生更快、更优的学习效果，也让我们有能力关联其他感兴趣的领域。

微精通通过探索那些要求我们使用多种感觉的任务，用这种自然而更优的学习方法来重塑我们。

有更好更快的学习方法吗？

我们每天要查收邮件、发短信、看新闻和博客，谁有时间学习？更不用说慢慢学习了。很多人嘴上说得好听，要"慢生活"，比如从头开始学烹饪、去旅行，但其实我们都知道，在一个所有东西都飞速运转的世界里，慢是多不容易的事。或许，沉湎于学习新事物是我们唯一可以躲藏起来的机会。

任何一个在教室里觉得时钟变慢的人都知道，学习实际上能改变我们对时间流逝的心理感知，感觉时间过得更慢了。不过即使觉得有事情能让时间慢下来挺好，我们仍然希望任何学习都能取得飞速进步。

迈克尔·莫山尼奇博士已表明，如果事物够新奇，或是我们很投入，学起来就会很快。在这种状态下，刺激神经生长的脑源性神经营养因子（Brain-Derived Neutrophic Factor，BDNF）会变得活跃，并建立更强、更深、更好的连接。因为每次你实践微精通时都会全神贯注，所以这满足了增强学习效果的条件。微精通结构同样重要，其回报和可实验性使每次尝试都新颖有趣。此外，每项微精通都是独立的可观察单元，这大大有助于快速学习。

一个简单的事实是：观察别人学得最快。在互联网及随之而来的大量视频及测试表演出现之前，西方的合气道水平远落后于日本。但是现在有很多合气道练习者从来没去过日本，看上去却好像是在日本训练过一样。

观察能使我们的大脑产生各种精细而微妙的连接，错过的只是规则和指导而已。重申一个关键点：学习中遇到的最大困难，是如何把握每一部分的相对重要性。观察别人时，我们能根据他们的表现和举止来弄清楚每项元素到底有多重要。

仔细观察，提升微精通水平

在撒哈拉沙漠，有一次我的汽车出了问题，有潜在危险。一位叫赛义德（Sayed）的年轻当地居民帮我修好了。

他不是专业技师，但是只观察了下停着的车子，都没有听见声音或看我开车，就判断出是一个悬挂装置断裂了。我不信，于是自己检查，发现车子有微微的倾斜，这下我很是佩服他，就是这个倾斜让他意识到了问题所在。

他告诉我，他年少时，整个夏天都是 40 ~ 45℃的高温，为了避开刺眼的阳光，他会爬到车子下面去躲着。经常盯着裸露的引擎好几个小时，这使他成了一名技师。他说："我对每个零部件和各处连接都了如指掌，仔细观察让我学到了本领。"

那么"看上去有难度"到底是什么意思？我觉得是一种为了让自己心安理得的宽泛视角，意思是你不准备尝试解决或弄清楚任何问题。你等着好点子自己蹦出来，而不是逼着自己就所研究的事物挖掘想法。

18世纪的德国作家、哲学家约翰·沃尔夫冈·冯·歌德（Johann Wolfgang von Goethe）认为，与将事物分解并注意其组成要素的常规科学方法相比，依靠深入观察学到的东西也一样多。歌德发现，通过关注事物之间，事物与环境之间，丰富的背景之间的关联，我们能对其中的重大价值获取深刻见解。

我觉得关键是不要仓促行事。在去一个国家游览之前，我常在墙上挂上该国地图。我从未真正研究过它，只是把其作为生活的一部分，时不时地凝视一下。我所有关于旅行和写作的想法都源于这一简单的行为。

长久以来，艺术家们认为"深度观察"是一种从头脑中捕捉事物精华的方法。作家布鲁斯·查特文（Bruce Chatwin）曾是苏富比拍卖行的董事，他相信，你和一件艺术展品相伴时，可以用所有的感官（如眼睛、手等）去慢慢感受，如果愿意并能够坚持下去，那么过一段时间，它所有的秘密都将展现在你面前。在完全了解它后，将其卖出，然后拥有另一件艺术品。

微精通要求我们接纳有限的、独立的活动，这有助于深度观察。不是像在一个广阔的领域里四处游荡，我们可以拉近镜头，集中注意力观察。比起试图把形形色色的东西一股脑儿塞进心不甘情不愿的大脑，这样学习要快得多。

学习策略也具有可塑性

有一种传统而过时的观点：每个人都有自己独特的"学习方式"。这暗示着，如果不用自己喜欢的方式学习，你是学不到所需知识的。这也让你有借口不努力学习新东西。在《软连接》（Soft-Wired）那本书里，迈克尔·莫山尼奇博士指出，大脑的可塑性可延伸到我们的学习方式上，换句话说，我们可以学会如何学习。的确，我们应该着重关注这一点。

和阅读、听课一样，让我们来看看如何培养不同的学习方式——更准确地说，是学习策略。

在成长过程中，我们面对的表扬与责备、鼓励与打击模式会形成一种偏见，好像某种学习策略会好于另一种。这种所谓的好策略就成了默认的标准，但未必对你最有效。例如，我过去深信自己是一个"通过实践学习"的人，所以在买了一架新相机后，虽然其中附带一本厚达1英寸[1]的使用手册，我却看都不看一眼，也不去查一下怎么安装电池，就直接开始用起来。

几个月后，我意识到我只了解相机的一点皮毛。于是，我只好坐下来仔细查看使用手册，并测试相应功能。在大约一周的时间里，我让使用手册相伴左右，每次按下按钮或试过一些操作后，我都会回查，努力学习相机的每项功能。

现在我很乐意再得到一本技术产品配套的使用手册。我已经发现了一种新的学习策略并得到了回报。多亏大脑具有可塑性，这种策略正在逐渐取代我以前总是坚持的"通过实践学习"的策略。

1　1英寸等于2.54厘米。——编者注

微精通能让你尝试并使用各种各样的学习策略。因其旨在取得卓越成就（这需要一点毅力），所以你有一个绝佳的机会来增加潜在的学习策略储备。这会增强思维流畅性，使你能自由转换不同的想法，即便它们是相互对立的。

如果一种策略行不通，不论曾经与之多么合拍，你也能无缝切换到另一种。在当今这样的"快时代"，每个人都需要提高思维流畅度，以适应迅疾变化、快速学习的大环境。

更幸福，更健康

讨论幸福的书籍数不胜数，英国亚马逊网站上就超过 500 种，议会图书馆的编目上更是多达 12,000 种，这说明我们对这个话题是多么津津乐道。

但是直面这些书籍时，你有没有想过，它们中有多少认识到了幸福中的求知成分正在消退？你不得不做别的事情来靠近幸福。没意识到这一点的时候，你自我感觉良好。但当我们对一些关乎人生的严肃项目（如登山、职业规划）冥思苦想时，会失去本心，退回到消费，而不是做点、创造点什么出来。消费成了幸福的默认来源，即便我们不希望如此。

对此，微精通是一种解决办法，它能帮助我们发现微小的、令人愉悦的、独立的改善，让我们重回真正的幸福之路。

如果做某事前先做出决定，你会更有可能感受到幸福，因为这个决定激发了快乐。通过实践自己期待的幸福，你能发现某个领域的微精通，从而把自己从一种混沌的、等着你去把握的想法中解脱出来。你决定要幸福的时候，就从消费心态转向了创造心态，这是一种创新开拓、付诸行动、积极主动的心态，让我们变得不热衷于自我，同时很神奇地变得更快乐。

对于任何活动，维度越多越好。这是为什么呢？因为像微精通这样的多模式活动能整合创造力、学习力、进取心、体力和智力。这将刺激神经传递素和生长因子，使你感觉良好，换句话说，你会倍感幸福。

创造幸福

约翰－保罗·弗林托夫（John-Paul Flintoff）曾是《金融时报》（*Financial Times*）的优秀记者，该报是全球领先的财经类报纸。他不快乐，找不到原因。

年轻时他热爱画画，想成为漫画家，但没人鼓励他。后来的很多年里，他靠打字谋生，这是他唯一熟练的、依靠双手的工作技能。当时，《金融时报》的记者们普遍遭受重复性压迫劳损的折磨，就好像身体知道，除了打字什么都不做对自己不好，所以它用疼痛来唤醒人们的意识。

人类天生能够博学多闻。我们依靠成为能工巧匠在竞争中存活下来，手脑并用，而不是像高深的"唯心"专家那样只用脑力。弗林托夫觉得他的手除了打字，没能掌握足够的技能。"不过学生时代时我总是有这样的想法：你做什么就会成为什么人。"他说，"如果你烤面包，就会成为面包师。我发现这种想法非常自由。"

我们大多数人受困于认同感，但我们也能从中汲取力量。如果告诉别人我们是树木修补专家、艺术家或足球记者，我们会觉得自己更有能力做好工作，即使仍有不足之处。

弗林托夫领悟了微精通的力量，它能使你超越身份的束缚。在做煎蛋卷时，你不再是一个尝试烹饪的银行家，而是一项微精通技能的实践者。

这是指引他从所谓规矩的压力中逃离的一线光明。他开始公开谈论自己多么渴望用双手做点别的事情，在那之前的很多年里，他的手只用于打字。"我在一个晚宴上谈到这个，有人说缝制衬衫实在太难了，业余爱好者几乎做不到。好吧，我比业余爱好者还不如，完全不会这项技能。不过这是一项挑战，是一项我看起来需要的挑战。"

弗林托夫回家后，开始着手这项未经筹划的微精通，打算从头学习做衬衫。

他找出了一件旧衬衫，沿接缝拆开，把零部件都摆开来，这样做很有启发性。然后他以这些为模板裁剪出新衬衫所需的零部件。一件新衬衫的雏形在他手里新鲜出炉了，看上去相当不错。

有了基本模型，就可以据此做实验了。他试过把一些零部件省掉。加大某些部分，随意调整衣领和衣长。他拥有了自己的实验台，用来装备缝纫机，并实验自己新学会的缝纫技能。不过，他并没有停留在做衬衫上，他继续制作五花八门的服装，包括夹克和长裤。

现在，弗林托夫可能已经通过不同的方式学成一名裁缝了。他也许已经熟练掌握了缝纫基础，比如行针法，缝纫机缝法，在空白布料上手工锁扣眼，拼接碎布头等；也许已经放弃了，把他的所学都丢到了爪哇国。

我们中有多少人在学校学过数学、法语、地理、化学，却从来没用过，现在甚至连想都想不起来了？你学这些基础的时候，它们从来都不是稳固存在于记忆中的，除非你不断去完成一些能长久存在的目标，就像微精通那种独特的、可辨识的技能整合体。

大多数人除了自己的专业领域，其余基础学科都不会达到精通的水平，所以大部分学过的东西都被丢掉了。如果我们不自然地积累一些微精通，这样的状态就不会改变，让人心灰意冷。哪怕主流学术文化反对或拒绝认真对待，我们也该努力实践微精通。

弗林托夫接受了多年传统教育，还取得了英语硕士学位。现在，他将这些搁置一旁。他并没有对学术方法失去信心，只是想回到童年，像孩子一样做事情，寻找自己喜欢的东西并加以模仿。

弗林托夫告诉我，他"欣喜若狂"，再次因为自己的双手得到别人的钦佩而高兴，而且大家觉得他做的事情还很有难度。他得到了微精通带来的巨大回报，因衬衫制作而获得了身心解放，于是再接再厉，写了一本书，叫《自任裁缝》（Sew Your Own）。

在戏剧天才（我很少用"天才"这个词）凯斯·约翰斯通（Keith Johnstone）的指导下，弗林托夫接着研究起了即兴表演，后来还成了一名生活指导者。他开始唱歌，并重拾童年爱好，画漫画。微精通可以是小而简单的事情，但是它能带你进入前所未有的幸福仙境。

创造还是消费，这是个问题

人类"以专家为中心"的生存模式是一种经济模式。比如你是位整天做鞋的专家，社会和你双双从中受益，你就不再需要去挤牛奶、种玉米、捕鱼。可是如果你就是喜欢做这些事情呢？如果你觉得一周只做三天鞋才是合适的，而不是在敞开式工作间里一周工作五天，每天2小时通勤后再干上12小时的活（这会让你抓狂），那会怎么样呢？

创造比消费更让人有满足感。消费使地球资源消耗殆尽，还会污染海洋。当然，比起狼吞虎咽地吃下难吃的烘豆罐头，美食能让人大快朵颐。但是，微精通使我们的生活更具创新观念。我们能看到，创造让生活更美好。

幸福来自内心，由你自己决定。享乐来自外部，你必须去寻找。享乐大清早把你从床上拽起来，而幸福助你在静谧的夜晚安眠。通常，创造带来的快乐远比消费提供的要持久。

增强信心

微精通能帮你一步步地树立自信心。完成的微精通越多，你就会越自信。这不仅仅是因为你从每项微精通中获得了一些具体的技能。你还能开发那些适用于各种微精通的技能，比如快速学习，建构知识获取相关信息，绩效技能，记忆改善（这是老天给我们的能力）。

自信心在学习中起着非常重要的作用。但它到底扮演了什么角色呢？年轻时，自信是我内心的一种超强优越感，没什么能让我感到害怕或紧张。但是我发现，很多看上去自信爆棚的人却会被各种自我怀疑困扰。有时，一些看似自信的表现，如快速的语调、洪亮的声音，以及幽默的行为，只是为了掩盖不自信。

科幻作家阿尔弗雷德·埃尔登·范·沃格特（A. E. van Vogt）所言极是，他说自信只是一种简单的能力。是被问到的时候能清晰响亮地说出自己名字的能力，是向人温暖致意的能力，是及时向他人表示热烈祝贺的能力。换句话说，忘掉内心的感觉，好好表现就行。

对于旁观者而言，以下这两种人没什么区别，一种人天生能和公交车站上的任何人搭讪，另一种人开始只能自言自语，但是经过努力，成功克服内心的胆怯后，也能与人广泛交流。你能从一些极端的例子中看到这一努力过程，比如一个口吃患者变为天才演说家。

所以，自信其实就是看你愿不愿意确立目标，并把更多的精力投入到自己所做的事情上。更多有针对性的努力就像特意打开一个水龙头，让能量喷涌而出，而不是坐等它魔幻般地自找出路。

如果缺乏自信，我们可能会认为自己不具备足够的能力。这时，我们所要做的就是定好目标，打开水龙头，投入更多的努力。学唱歌时，缺乏信心会让歌手不敢放声，更容易跑调，这反过来又进一步削弱了信心。为了打破这种恶性循环，在感觉自己跑调的时候，你要大声唱出来，而不是更加放低声音。这是一个有意识地打开水龙头，而不是坐等灵感从天而降的例子。

缺乏自信往往意味着我们只是不去尝试，而失败的最大原因就是根本没尝试过。人们把自己描述成"失败者"的时候，通常透露出这样的信息：他们仅仅是有个想法，却没有做更多的研究和进一步的努力。他们认为那"不值得""太多人已经做过了"，或是"自己不够优秀"，但其实你已经够优秀了。

微精通是提升自信的阶梯

在任何领域，我们都能借助"增强信心"这架梯子步步向上、勇攀高峰。微精通非常顺应自然，实践中，你将获得足够的信心去攻克更大的难题。以下几点将使这成为可能：

运用可复验性使实验变得容易。微精通属于小项目，能快速推进，并易于复验。可复验性能培养自信。如果每次重做都是一种实验，你就能收获更多的信心。你会扩大实验范围，心理上也能承受更陡峭的学习曲线。

摒弃"一次性"执念。人们对早期潜能报以真诚的鼓励时，你有多少次听到过这样的论调？"这是侥幸""是新手的运气"……当然，新手的运气确实存在，老天看上去会对敢作敢为的学习者好一点，但这不能成为你偏执于早期成功的理由。你应该全力以赴、稳步提高。每项微精通都具有可复验性，这一事实将减少对"新手的运气"的指责。微精通并非被设计成"一次性成功"，所以怎么可能受制于"一次性运气"呢？

微精通微小，并且有可复验性，能很容易体现出你正在精进。很多人在过去几年里都没有学习任何新东西，这使得他们的自信心和能力都丧失了很多。实践微精通，你将打破这一恶性循环，观察到自己因不断进步而表现出来的变化。

承认显摆能力也是一种社会需求。有人可能会嘲笑或贬低人类对他人关注的需求。但其实我们每个人都需要关注，只是有人多、有人少而已。每个人也都在学着吸引别人的注意力，只是有人做得好、有人做得差而已。现在，如果你没有得到足够的、恰当的关注，为什么不开展微精通然后通过"注意力回报"来得到更多呢？有担当的谦谦君子可能会避开这种回报，但我知道，当面对陡峭的学习曲线时，你需要任何能得到的帮助和支持。

然而，还有一个要素与此相关。缺乏自信的人不喜欢被注视或曝光，他们甚至对在公共场合大声说出自己的名字都觉得勉为其难，更是惧怕在研讨会或课堂上不得不做的短小的介绍性演讲。（我了解，因为我也是这样的。）

其实问题不在于被注视，也不在于你想象中的被评头论足。在一群友好的 8 岁小孩而不是易怒的青少年面前，你可能会很开心地玩"三牌戏法"（three-card trick）。

没人喜欢被说三道四，但微精通可以使你不被说长论短，因为每次实验都只是多次练习中的一次，做得差并没有什么影响。给某人做煎蛋卷的时候，我可能会紧张。如果做坏了怎么办？但随后我想起来，最关键的是自己走在通往微精通的路上，而不是得到一次性成功。这只不过是又一次练习而已，如果他们说还不够完美，我会衷心感谢他们屈尊品尝我的食物，下一次我会做得更好。

精炼并重启遗愿清单

虽然比起"遗愿清单"，我喜欢"愿望清单"这个词，因为它听上去更积极，但我坚信这样的清单是改变生活的工具。我们可以认为生活是由外部驱动的，比如升职、当选、被选择、被喝彩；也可以认为自己有更多的主动权：在我们衰弱到无力做任何事之前，简单列出自己希望完成的事情。

在大多数人的愿望清单上，各种微精通以多种形式或特征高频出现。美国作家、博学家克利福德·皮科夫（Clifford A. Pickover）是制作愿望清单的强烈支持者，以下是他清单的前十项[1]：

1. 演奏巴赫（Bach）的《D 小调触技曲与赋格曲》（Toccata and Fugue in D Minor）

2. 学习张氏太极拳（Ch'ang-style Tai Chi）

3. 获得博士学位

4. 写一部小说并卖出去

1　参见克利福德·皮科夫：《性、毒品、爱因斯坦和精灵》（*Sex, Drugs, Einstein and Elves*），Smart 出版社，2005 年。

5. 饲养亚马孙金色英丽鱼

6. 成为摇滚乐队低音吉他手

7. 品尝香辣金枪鱼寿司卷

8. 拥有一台三菱 30GT 手动挡跑车

9. 试射配置 0.45 英寸柯尔特自动手枪弹弹匣的乌兹冲锋枪（Uzi）

10. 发表一篇有关三重积分符号的技术论文

试射乌兹冲锋枪不太能算是微精通，但是打得准了就算。拥有一辆手动挡跑车看上去也不算是什么技能，但如何以跑车的调性来驾驭好它，也会受到微精通理论的影响。

皮科夫是一位精灵古怪的博学家，他写了三十多本书，范围从科幻小说到艰深的数学。他还有很多专利，在纽约的托马斯·沃森研究中心（Thomas J. Watson Research Center）就职，是语音识别软件专家。从他的愿望清单（大部分已完成）中估计你能猜得到，他已掌握了广泛的技能并都实现了微精通。你可以在互联网上搜索，发现更多他的"愿望项目"。

皮科夫的精神实质是顺应自然的自由博识，汲取、融合不同领域的精华，提高生命质量和专业水平（如果你有专业领域的话）。

不过这个清单也有一个问题，它可能会变成消费品清单，而不是真正的成就清单。而且纯粹是为了回顾而做事，这有点怪异，当然，这些事情当时做的时候应该也是有益的……也许有益？这需要平衡。列一份微精通清单，你就能做一些趣味横生的事情，不但能温馨回顾，还能一直对自己有帮助。

微精通和心流

"心流"这个概念在本书的开头已经提到过,由匈牙利心理学家米哈里·契克森米哈赖推广普及。其中心思想是:在完全沉浸于活动中时,我们会进入一种意识不到时间的精神状态。我们的专注力增强,感觉充满活力,不过一旦意识到这些就会打断心流状态,我们只有在事后才能回想起这种感觉。处于心流状态时,我们的思维批判闸门关闭了,因而学得更快。

传统学习方法实际上会妨碍人达到心流状态,而微精通有利于形成心流并使之持续不断。举个简单的例子,画禅圆(在"什么是微精通"那章讲过)在不断尝试用钢笔或毛笔画出完美的书法圆圈时,你能轻松进入半冥想、全神贯注的心流状态。在专注地练习一门语言或相对简单的一项技巧(比如在指尖上转篮球)10 ~ 15分钟后,你能很容易地达到可以被称作"微心流"的状态。

练习能够促进心流状态的实现。首先选出一个有能力攻克的挑战项目。若挑战超出了你的能力,你会发现自己更兴奋(如果你的水平很差,甚至会产生焦虑)。反之,若挑战完全处于掌控之中,久而久之,你会深感无聊。

心流处于焦虑与过度控制之间。一开始就要百分百专注,因为分心是致命的。然后要留出足够的时间(虽然心流不受时间影响,但时间压力会阻止它的产生)。最后,你要反观自己的内心,焦虑,无聊,还是活力满满?

微精通可以算是一种体验心流的完美方法——挑战目标明确,需要的技能也不难学到。到了微精通复验与实验阶段时,你可以通过观察自己从无聊到兴奋或焦虑的过程,提高对心流的认识。

可以用数字标识状态，0—无聊，1—放松，2—可控，3—心流，4—兴奋，5—焦虑。如果觉得这个挑战稀松平常，那就加大难度。如果觉得紧张不安，那就放慢脚步，降低难度，提高技能。如果实现了"3—心流"，那太棒了，能让人欣喜若狂，时间都静止不动了。我曾练习手绘线稿草图的微精通，在下午4点半时还以为才到午饭时间。4个小时就这样飞速地消失在聚精会神和自得其乐之中。这完全是一种"活在当下"的感觉。

跳出"过于复杂"陷阱

复杂性科学家塞缪尔·阿贝斯曼（Samuel Arbesman）的《过于复杂》（*Overcomplicated*）一书涉及一个世界上普遍存在的问题：控制生活的系统和技术被大量应用、扩散（而且我们还不能完全理解），我们正在失去对其的控制。[1]

微精通让我们有机会聚焦于微小、简单和精妙。你可以在实验煎蛋卷中学到它所有的内在奥妙，而不会困于"过于复杂"的陷阱之中。每攀登一个新的精妙高度，大脑都会分派单独的神经元来执行任务，在以前的学习中则需要一整圈神经元的参与。

这个世界是个不可思议的地方，有精美绝伦的大自然，有幽默有趣的人类。但在最近的一百年里，它变得异常复杂。历史长河中，人类大部分时间处于狩猎和采集状态，这是一种简单生活，但存在实现精通的各种可能，你可以从微小、简单的事情做起。

而现在，尽管创造出了很多美妙的"玩具"，人类也有了不小的进步，却也给自己垒了一道"复杂门槛"。你要发展自己的兴

---

1 参见塞缪尔·阿贝斯曼：《过于复杂：无法理解的技术》（*Overcomplicated: Technology at the Limits of Comprehension*），Penguin 出版社，2016 年。

趣？那请先跨过相应的门槛。这让人望而却步。光做事情是不行的，你还需要合适的装备、任职资格，或许还要博士学位、保险、许可证等。所有东西看上去都复杂得荒谬至极，搞得我们都要靠边站了。你要么拒绝，要么屈服并融入遵循"复杂仪式"的不透明小角落。（我有个朋友醉心于石油公司的合同，把它们看作是接受了石油公司的大脑训练后，某种接近开悟的承诺。）或者你可以抛弃所有有点复杂的东西（包括那些精妙的），但这样世界就会变得愚蠢透顶了。

要避免淹没在错综复杂的事务中。将任务分解成多项微精通后，我们将回到简单而精妙的有益世界中。

多项微精通的协同效应

▲

实现一项微精通挺好，但是你会想要实现更多，这是自然规律。不管是手工酿造啤酒、跳踢踏舞，还是研究核物理，如果你获得的微精通都在同一领域，那你离专家就不远了。一个人如果在自己的领域里实现了一定数量的微精通，而且工作相当称职，那么定义其为专家是有道理的。

认真学习要求我们保持专注和正确的方向，但这并不意味着在生活中我们只能对一件事情感兴趣。搞清楚正确的学习策略很重要，我们肯定需要聚焦并跟随这些策略。至于生活策略，则有更微妙的要求。

每天做同样的事情会让你无聊到想死，但是在一段时间内，设定一个精通某事的目标并每天练习，就是行之有效的学习策略了。完成后，你转向新的东西，或许是一项新的微精通。走上正轨并保持方向，直到自己觉得这样的一成不变太枯燥，然后再变换轨道。

微精通能实现轻松跨界。我们并非想成为专家。如前所述，有研究显示，只有 3.4% 的人天生容易成为专家。如果你不属于那 3.4%，就好好学习吧；就算落在这个范围里，也认真努力吧。联合国教科文组织在这方面开展了广泛研究，罗伯特·鲁特－伯恩斯坦（Robert Root-Bernstein）博士有以下研究成果：

> 我们发现，相较于一般的科学家，诺贝尔奖获得者跨界的可能性更大，比例为：摄影师－2 倍，音乐家－4 倍，艺术家－17 倍，工匠－15 倍，非专业写作作家（如诗人或小说家）－25 倍，表演者（如演员、舞者或魔术师）－22 倍。[1]

这些获得诺贝尔奖的科学家已经是专家了，但他们还对专业之外的领域感兴趣，从中获得了很多新的视角，这反过来增强了他们的专业性。

不是只有天才才能成为博学家，人人皆可，你要做的就是实现多项微精通。对当前职业的兴趣体现了我们的需求和意愿，但是不要吊死在一棵树上。如上所述，就算你想坚守传统的单一职业，也需要用多项微精通来提高自己的职业素养。

如果你的孩子看上去在科学上有超乎寻常的天赋，尤其是数学和物理，你可能想要请一位数学老师，希望自己的早教措施取

---

1 参见罗伯特·鲁特－伯恩斯坦和米切尔·鲁特－伯恩斯坦（M. Root-Bernstein）：《主题报告：艺术是创新教育的核心》（*Keynote Speech: Arts at the Centre*），联合国教科文组织第二届艺术教育世界大会会议文献，2010 年 5 月 25—28 日，第 7—8 章，www.unesco.org/culture/en/artseducation/pdf/fullpresentationrootbernstein。

得卓著成果。

但沃尔特·阿尔瓦雷斯（Walter Alvarez）博士可不这么认为。他的儿子路易斯（Luis）是个科学天才，但他却把他送进一所以艺术和手工著称的学校，以此实现通识教育。路易斯没有沿着高等微积分的道路一路狂奔，而是先做了技术制图和木工方面的工作。这并没有妨碍他后来继续研究科学，最终赢得 1968 年诺贝尔物理学奖。路易斯把他的成功归功于自己能够搭建任何想得到的实验装置，这和他接受的通识教育及职业初期的工艺工作密不可分。

著名美国宇航员斯多里·马斯格雷夫（Story Musgrave）曾说，提高精细动作技能也对他的成功很关键。他在农场长大，从小学习修理各种东西，这种修理技能对空间站工作至关重要，对他后来取得工程和医学学位也起到了举足轻重的作用。

关于博学背景的优势，有一些非公认的见解。罗伯特·鲁特-伯恩斯坦博士曾对一些科学家和工程师做过问卷调查。问题是："你认为艺术和手工教育对科学创新者有用甚至必不可少吗？"82% 的人回答了"是"。[1] 艺术和手工是微精通的天然家园——具有各种特性，比如独立性、可扩展性、可复验性、可定义性等。

科学家和工程师不是唯一需要从其他领域获取灵感的人，艺术家和作家也需要从非艺术背景中得到启迪。

威斯坦·休·奥登（W. H. Auden）、萨默塞特·毛姆（Somerset Maugham）、安东·契诃夫（Anton Chekhov）、大卫·福斯特·华

---

1 参见罗伯特·鲁特-伯恩斯坦等：《科学和工程领域创业与艺术和手工持续参与的关系》（*Entrepreneurship in Science and Engineering Correlates with Sustained Arts and Crafts Participation*），美国国家艺术基金会（National Endowment for the Arts）、布鲁金斯学会（Brookings Institution）特邀报告，2012 年 5 月 10 日。

莱士（David Foster Wallace），这些文学大家在文学追求之外，都接受过数学或科学教育。

福斯特·华莱士曾是青年网球运动员。杰克·凯鲁亚克（Jack Kerouac）、肯·凯西（Ken Kesey）都曾是美国橄榄球运动员。阿尔贝·加缪（Albert Camus）曾作为守门员效力于阿尔及利亚国家足球队。塞缪尔·贝克特（Samuel Beckett）在他的家乡爱尔兰曾是著名的板球运动员——他是唯一入选号称"板球圣经"的《维斯登板球年鉴》（Wisden Cricketers' Almanack）的诺贝尔奖得主。

1912年诺贝尔医学奖得主阿列克谢·卡雷尔（Alexis Carrel）的母亲从事蕾丝制作工作。小时候，他的母亲就教他缝制非常小而复杂的图案。后来，他将这项技能用于外科手术，取得了突破性进展。

汉斯·冯·奥伊勒-切尔平（Hans von Euler-Chelpin）上大学时专注于美术，后来因对色彩感兴趣而进入科学领域，最终于1929年获得诺贝尔化学奖。世界一流天体物理学家雅各布·沙赫姆（Jacob Shaham）曾说："表演教会我如何读懂方程式，就像角色读懂剧本一样，这给了我热情和激励。"

所有这些卓越的成就都阐释了一个道理：拥有多领域专长能产生协同效应。除此之外，协同效应还指整体大于部分之和。实现多种微精通不但能使你成为厉害角色，用引人瞩目的人生来出尽风头，每项微精通还能让你学到更多的知识并更有效地运用。

不论是学术类还是实用类，关于不同领域知识间的协同效应鲜有研究。毕竟，这该归到什么学科下呢？伦敦大学的卡尔·冈布里希（Carl Gombrich）倒是做过一些研究。他发现那些同时学习科学和艺术并通过英国中学高级水平考试（A Level）的学生（在英国不多），日后更有责任心和领导力。研究数据的样本标准差达到 6，存在显著正相关关系。[1]

你懂得越多，越能对事物提出不同观点，对你也就越有利。不同领域间的知识常以惊人的方式互相取长补短。毕竟，创造的核心是将从未有过交集的东西融合在一起。

协同效应是系统中各组成部分相互受益时释放出来的额外能量。某种意义上像是系统内的规模经济效应。这不是个新概念，事实上差不多在亚里士多德（Aristotle）的时代就存在了，通常可以用一句话概括为"整体大于部分之和"，不过这种表达会削弱协同效应真正的神秘内涵。

像系统协调一样，创造力方面也有协同效应，毫无关联的点子碰撞、交融而产生新想法。我们已经看到与协同障碍相关的技能是如何互相"拆台"的，但是也有会产生协同效应的技能。例如，从合气道中学到的能力对任何身体技能的学习都有帮助，从打高尔夫球到学习舞蹈。

系统思考是指以整体性眼光看待一个系统，而非割裂各个部分。一辆停着的汽车只是一堆零部件的集合，"汽车 + 驾驶员"才算是系统。想要赢得一级方程式锦标赛，你得考虑整个系统，包括控制系统、反馈系统、赛车手、赛车。只简单地看看引擎、变速器、空气动力学套件，你得不到最优的解决方案。视"车 + 人"为一个系统，我们就能想到协同组合的问题，考虑人与车各部分的关系问题，从而优化这些关系，选择真正合适的轮胎和燃料，

1　参见卡尔·冈布里希：《博识、新博识主义及未来工作：来自伦敦大学学院艺术与科学学位的一点理论和实践》（*Polymathy, New Generalism, and the Future of Work: A Little Theory and Some Practice from UCL's Arts and Sciences Degree*），载《美国、欧洲和亚洲的人文艺术科学教育经验：跨州对话》（*Experiences in Liberal Arts and Science Education from America, Europe, and Asia: A Dialogue Across Continents*），威廉·柯比（William C. Kirby），马瑞克·范·德·文德（Marijk C. van der Wende）编著，Palgrave Macmillan 出版社，2016 年，第 75 – 89 页。

提高赛车手的技能。

某种程度上，我们的日常生活中总有系统思考的身影，比如考虑机构（如学校）对个人的影响时它就会出现。我们私下里都承认，"好学校"存在各种因素精妙结合而产生的协同效应，如氛围、资源、优秀老师，而训练有素的校长懂得如何做好管理工作。

完成过小组作业的人可能都曾体验过协同效应的威力。在全组人的共同努力下，比起单兵作战，每个组员的毅力都得到了前所未有的大幅提升。

（这些例子也可能说明"协同效应"这个概念不够明确，所以还原论者对其持怀疑态度。有关还原主义科学家的一个笑话总结出了这一点：科学家把一只蝴蝶分开，每部分贴上标签，然后被问起蝴蝶去哪儿了时，他的回答是："什么蝴蝶？"）

协同效应会出现能量的突然增加，如同量子跃迁式的巨大突破，而非线性进程的稳步上升。实现了很多微精通后，再学习另一项时，所有技能会有突如其来的提高。

练武术的人常会觉得进度缓慢，这说明遇到了瓶颈。一段时间后突然出现了质的飞跃，他们心花怒放，期待继续进步，但是很快又会遇到瓶颈。这个质的飞跃就是微精通间的协同效应带来的。

你可以把大规模的活动分解成较小的多个微精通。从烹饪到武术，学习任何东西都可以用这个方法。比如学习合气道，需要实现好几项微精通：四种锁技、各种摔投技，精确的步法和移动等。

实现一项微精通可能对那些你已经掌握了的技能没什么帮助，但有些会产生明显的协同效应，能自然地相互促进。要想精通整个领域，可行的办法是画好循序渐进的路线图，规划好能产生协同效应的各项微精通。这和"掌握基本知识"不同。每项微精通都是独立的，不需要因他者而起作用。但是，它的完成可以使已学会的微精通更有活力，从而促进全面提高。

技能迁移

不只在外语和运动方面，任何领域的学习都是懂得越多，越容易掌握。不同领域的技能、观点、洞察力都会有交叉，有时关系还很近。比如习惯驾驶某种型号飞机的飞行员，在接受另一种型号飞机的培训时会学得很快，因为二者有很多共通点，这说明大范围的技术迁移是可能的。

日本小说家三岛由纪夫曾获剑道黑带四段和空手道一段。虽然这两项运动他都起步较晚，而且动作不是很流畅，但是他的段位考试令人印象深刻。他说，在黑带考试中，他把写作时的心态直接切换到考试现场了。

D·H·劳伦斯（D. H. Lawrence）、亨利·米勒（Henry Miller）、让·科克托（Jean Cocteau）这些作家在视觉艺术方面也很有造诣。写作培养出的敏感度，赋予他们超强的艺术领悟力和信念，尽管他们并没有受过绘画训练。

交叉技能可能涉及时间掌控和动作力度。通过练习合气道，我学会了在没有准备的情况下突然发出全力。我发现在学习掌握形形色色的新技能（比如揉面团和钻木取火）时，运用全身爆发力很管用。

转换视角

你能以多快的速度转换视角？在这个瞬息万变的世界里，技术革新使其不再是一件奢侈的事情。实现了一些属于自己的微精通后，你的认知也会发生微妙的变化。你会尝试微精通带来的不同观点，而不是坚持工作中形成的"一刀切"模式。你将习惯于转换视角，比如，你可能会去请教皮划艇运动员或厨师，提出各种问题，看他们是如何看待这些问题的。

接受了"人需要博识"的观点后，你从多种微精通实践中获得了思维流畅性，自然而然就从"封闭"转换到了"开放"。这是一种普遍的生活观，开放地拥抱生活中的各种奇迹和机遇。你变得乐于学习了，因为你知道了获取专业知识的微精通奥秘，不再有被其他领域拒之门外的挫败感。你变得信心十足、无所畏惧，这是任何境遇下都需要的优秀品质的强强联合。

做事情时会遇到卡壳、僵化、过不去等妨碍进展的情况。有时我们用金钱或强权来推进——有些人明白这样做会"出师未捷身先死"。我们向着目标一路前行，常会遇到艰难险阻。强调正面强攻的军事策略常常遭遇"滑铁卢"，而佯攻或侧翼攻击则会见成效。这就是对你转换观念的褒奖。不过你得先有别的观点，否则就谈不上什么转换。成为博识广闻的微精通达人后，你自然会冒出更多的想法。

精通的奥秘

在这本关于微精通的书里，"精通"总是停留在"快要发生"的状态。微精通和精通有很多共同之处，但它常常只是通向精通的第一步。让我们深入观察一下到底什么是精通。

成为志得意满、对生活有真知灼见的某方面大师多令人羡慕啊！当然，我们知道大师必得经历长时间的技能磨炼。社会上也常有某种培养人才的学徒制体系。近期的热门研究显示，其中的主要因素是大量时间，通常是1万小时，这很容易让人起疑心，因为光靠时间是不够的，学习和精进技能的态度才是至关重要的。

精通的关键是持之以恒，关乎如何坦然面对瓶颈、是否能长时间保持专注，而非企图速战速决和走捷径。捷径总是魅力十足，但绝非坦途，通常需要投入更多的精力，那会把自己搞得精疲力竭。

我在日本观看合气道大师练习时，发现他们非常享受过程，并没有练得很辛苦，因为他们知道这是一项长久的事业。大师箴言："精通路上，有助在轨者佳，引致脱轨者恶。"

精通关乎能否洞察深层关联和重要因果特性。我刚开始练合气道的时候，以为只要保持正确的角度、做好正确的动作，就大功告成了。后来才意识到站位和平衡更重要，这些做好了，你几乎能自动完成正确动作。

一方面，精通需要适度的热情，但不能太热衷或痴迷，否则会一叶障目不见森林。另一方面，精通必须不断实践。摄影大师森山大道总是说，你得拍成千上万张照片才行。

每个精通层面都要建立平衡，平衡工作量的多寡，衡量怎样才是好的或更好的。平衡是你必须能感觉到的东西，或许一开始，你能在课本或教学视频中发现一些轻描淡写的内容，但随后就需要学着自己体会。日本的木工大师们靠眼睛做了那么多工作的原因之一是，他们要建立一种超强的自信，相信凭自己的直觉能够洞悉并欣赏精妙的平衡。

大师们坚持不懈地做着日常工作，在困难面前会屈服但不会崩溃，他们选择走阻力最小的路，只要它仍然是路就行。他们把日常工作当作仪式一样做，而不是无聊的重复，以此来实现长期目标，尽管目标可能还是模糊不清的。

仪式般的工作使重复变得趣味十足，给你更多期待，或者至少提高忍耐度。你可以把任何事情（甚至是查看邮件）变成仪式。比如，你可以有一把特别的"邮件查看椅"，一杯最好在47℃时品味的埃塞俄比亚咖啡，一顶"邮件查看帽"等，你可以想象出这幅美妙的图画吧。

乔治·伦纳德（George Leonard）是合气道大师，也从事关于"精通"的写作。他指出，如果你不得不屈从于自己的技能和所处领域，就会迎来一个转折点。你必须从它们自身的角度来对待它们，这将使你开放思维，不再做毫无用处的妄加评判。这意味着你停止评论，开始观察了。这就是转折点，你能够对事情保持合适的热情，不会痴迷。

你不能成为一架机器，否则终将被痴迷完全控制。在推进过程中要保持实验性，不断测试、查看、观察，时不时地去冒险。你要清楚地知道，有些实验会遭遇惨败，引来一片哗然；有些则总能取得惊人的成功……

博识天堂

▲

我们曾被教导，专注于一件事是人生成功和幸福的关键。这种信条的最新版本通常还不断提到"激情"这个词。不过事实恰恰相反。当然，在缔约仪式上，所有的成功人士都百分百地专注，但这只是他们生活的一小部分。其他时间里，他们要么休闲，要么从别的地方汲取营养。

那些获得诺贝尔奖的科学家往往被定义为专注于自己领域的专家，但实际上比起一般的纯学术科学家，他们更有可能同时学习艺术、手工和音乐，只是不张扬而已。在一个特殊的文化氛围里，博识冲动需要被隐藏起来。

博学家用他们掌握的多领域专业知识和兴趣来反哺自己的专业（如果他们是专家的话），为其提供新的视角和能量。见多识广的人对生活有更浓厚的兴趣和更强的能力，并且更快乐，更坚强。

他们思维开放而不因循守旧——这是那些能坚持沿着一个方向走下去的人的标准配置。

在并不久远的过去，人类不得不靠涉猎多个领域来生存。但是，随着复杂工业制造技术的广泛应用，整个食品生产领域形成了巨大的规模经济，依托电视和互联网发展的大众娱乐无处不在，工作中的计算机化让专家的观点得以大面积扩散——以牺牲人类博学的本性为代价。

创业、创新、创造性活动都需要有博识的眼光。博学存在于科学的顶峰，生机勃勃——科学家们不断借鉴其他领域的经验来实现自身的进步。运用多种专业知识正是人类丢失了的文化遗产，关键问题只是如何把它找回来，并融入我们的日常生活和工作中。

大学毕业后，我没有依循传统的职业道路，而是去日本学了 3 年武术。在那里，我的脑海里闪现出一个念头，有朝一日，这个世界会充满微精通。我花了一整年时间在一个传统道场里和东京防暴警察一起刻苦学习，每天 5 小时，每周 5 天，从零基础练到了黑带教练水平，还有意外收获——寻找学习方法的过程使我获益良多。

日本的教学方式是将整体分解为独立的部分各自修习，并最终实现更优秀的整体。在合气道中，"形"（kata）就是其中分解出来的一个部分，指的是反复练习的固定拳法和踢技，自成体系，不过有些也成了合气道的技能。

每项技能——如过肩摔四方投（shihon nage）——都有无穷无尽的变化。就像烹饪教学，如果你喜欢，可以选用不同的食材，设定不同的烹饪时间，给学生更多实验和成长的机会。一位合气道高手只研究一项技能——创始人植芝盛平的名言就是："整个合气道都在于四方投。"

其后几年中，我改进了在日本冒出来的想法。伊德里斯·沙赫（Idries Shah）的《学习如何学习》（*Learning How to Learn*）是一本很有用的书，进一步拓宽了我对"博识"的认识和理解。我意识到，过度专注于单一学科是一条虚幻的道路。

维克多·弗兰克尔（Viktor Frankl）的经典著作《活出生命的意义》（*Man's Search for Meaning*）记录了他 1946 年在德国集中营的生活经历。这本书充分证明了人类不是逃避痛苦、寻欢作乐的机器人——人首要的驱动力是"生命的意义"。书中提到了能在日常生活中增加这种意义的三个方面：对他人的关怀，艺术、创新或富有成效的努力，以及面对苦难和不幸时选择自己真实的态度。

生活需要专业化的观点会导致意义的减少。世界观越狭窄，外部世界越没意义，除非你参与的小范围活动能体现你的全部价值，但是那样你就会更少参加人们开展的其他活动。越少创造和生产，这世界看上去就越没意义。

生活中总会遭遇伤痛和损失，在重整旗鼓、重建家园的过程中，精神灵活性（即思维流畅性）的有无，常常意味着生与死的差异。精神健康与身体状态之间的紧密关联不断得到新生代研究人员的肯定。比起单一的、狭窄的思维，博文广识的大脑能帮助我们搜索到更多的资源来应对生活的打击。

神奇伯顿

我研究过一百多位闻名于世的天才和博学家，其中两位尤其有魅力，一位是理查德·弗朗西斯·伯顿（Richard Francis Burton），维多利亚时代的探险家；另一位是克劳德·香农

（Claude Shannon），信息论之父。

据说伯顿掌握二十多种语言的读写。读大学时，他大部分时间是和吉卜赛人或懒散的同学一起逃课，因此第二年就被开除了（确切的罪状是，他有一天驾驶马车穿过市镇，这是被禁止的）。

他本来是个冷漠的大学生，却在加入印度军队后开始有所改变。在军队里，他专攻语言，每天学习 11 个小时，不过总是在 15 分钟里轮番学习不同语言的同一主题内容。这对于博学家来说司空见惯，他们认为这种一定时段内的高强度训练和专业兴趣是学习的关键，可以称之为"连续痴迷"，与多任务处理截然不同，后者已被证明效率较低。

后来伯顿离开军队去中东探险，易装进入麦加。他还去了非洲，把在那里的探险记录结集成书。这本《中非的湖泊地区》（*Lake Regions of Central Africa*）成为后来探险家——包括大卫·利文斯顿（David Livingstone）和亨利·斯坦利（Henry Stanley）——的探索指南。

伯顿兴趣广泛，很多爱好（如探险、翻译、剑术）达到了极高水平（他被认为是英国最优秀的剑客之一）。像早于他的歌德（Goethe）和列奥纳多（Leonardo）那样，他破解了博识的奥秘之一：某种程度上，精通可以在不同领域间转移。

杂耍香农

克劳德·香农是信息论之父，在计算机发展初期，他是名副其实的天才，为很多科学领域做出了贡献。他的硕士论文《继电器与开关电路的符号分析》（*A Symbolic Analysis of Relay and*

Switching Circuits）被数学家霍华德·加德纳（Howard Gardner）誉为"可能是本世纪最重要、最著名的硕士论文"。后来他从电气工程学转去研究生物学，博士论文为《理论遗传学的代数学》（An Algebra for Theoretical Genetics）。

博学家香农也热衷于杂耍、独轮脚踏车、国际象棋。他编写了第一个国际象棋电脑程序，还发明了很多有用且有趣的东西，比如电动弹簧高跷和火箭驱动的飞盘。

香农对杂耍微精通的兴趣引出了一些卓有成效的想法，同时说明，一些看似无用的东西（比如杂耍对很多人来说只是娱乐消遣）实际上是一项奇妙的"关口技能"，能引导你顺着狗的尾巴发现整只狗。

关于杂耍（和摔跤）的记载始见于贝尼哈珊（Beni Hasan）墓窟的墙上，类似漫画。该墓窟位于上埃及，可俯瞰明亚省附近的尼罗河。这些壁画可追溯至公元前 1994 年 ~ 公元前 1781 年，距今将近四千年。几千年来，其他文化也都见证了杂耍的悠久历史，比如古代中国、南美、印度。在欧洲，它成了集市和游行节目内容，常常是戏谑和诡计的代名词。

香农对杂耍非常感兴趣，不仅因为他手很小，玩起来有困难，也因为杂耍能帮助洞悉与机器人技术相关的很多问题。香农继续研发着世界上首台反弹杂耍机（反弹杂耍指向下掷球，待其反弹上来后抓住，而不是向上抛球）。他指出，如果能教会机器玩杂耍，或专门设计出杂耍机器，那么把其变成流水线上的高效机器人就很容易了。

香农也被独轮脚踏车迷住了，经常沿着麻省理工学院的走廊骑行。骑独轮脚踏车也是微精通经典案例。香农锁定了一些人们认为难做的事情，因而研究成果颇丰。他把自己的兴趣进一步发展为制造机器人独轮车。为此他需要在现有的基础上发明平衡系统。他的发明给各种机器人制造带来了福音。这里，一项微精通挖掘出了游戏背后隐藏的独特问题，解决这个问题就能造福于所有相关领域。我想香农无意中发现了一种方法，科学家们很可能会把它当作一种创新研究工具。

另一位天才理查德·费曼（Richard Feynman）一定也用过这种方法。博士毕业后，他对物理学感到厌倦了。有一天，他坐在学校食堂里，无所事事地看着别人在指尖转盘子（在指尖转任何东西都是典型的微精通）。盘子上的装饰图案在转动中做着奇怪的摆动，他想知道自己能否用数学方法来描述这个现象。如醍醐灌顶一般，他明白了厌烦物理不是什么大事，自己不是正在玩数学嘛。（费曼后来说，从那以后他决定，任何问题都只用玩乐的态度来对待。）

香农也以其玩乐式研究方法和异想天开的发明而闻名于世。比如"终极机器"——一个能把自己关上的盒子。打开开关，盒盖开启，出现一只手，这只手会伸到开关处关掉开关，然后缩回去，盒盖关闭。

微精通本质上是一项好玩的活动，这是它的优点之一。费曼在玩好了盘子图案转动的数学表达后，发现这能解决亚原子物理学中的一些棘手问题。他开启了整个量子电动力学领域的新篇章，进而获得了诺贝尔奖。

创造力的爆发

▲

在近代时期，成长本身就能营造出某种博识背景。普遍需要制造、修理等技能工作和思考的日常生活中的乐趣，远比靠远程控制来处理事务时的乐趣要多。现代交通、通讯、娱乐方式给人们提供了便利和舒适，但也将博识背景剥离出去了。

在博识背景下，屠夫、银行家、矿工妻子都可以成为出色的小提琴家和水彩画家。即便这种说法有些感情用事和理想化，也仍然可以激励和鼓舞那些想借微精通开发自己潜能的人们。

我一直觉得奇怪，为什么只有朝着更专业化和机械化的方向发展时，我们才开始谈论创新和创造力。以前，伟大的发明家们根本不需要讨论什么头脑风暴和横向思维，他们自然而然就会用到这些。像托马斯·爱迪生（Thomas Edison）和亚历山大·格雷厄姆·贝尔（Alexander Graham Bell）这样的人，并不需要参加什么创造性思维培养课程，他们已经拥有了广泛的信息和技能，并已准备好随时加以应用。有趣的是，创造性思维话题的兴起与促其兴起的因素的消失，恰好同时发生。这个因素就是：知识、信息和观点的多样性。

微精通与蓬勃的创造力

这世界迫切需要更多的科学类毕业生和专家吗？迈克尔·布鲁克斯（Michael Brooks）是在加拿大安大略省召开的 2013 年滑铁卢全球科学自主学习峰会（the Waterloo Global Science Initiative Learning 2013 summit）的策展人，他指出，理论物理学家、技术经理，甚至洛克希德公司（Lockheed）的 CEO 都认为，答案是"不需要"。

诚然，大量的毕业生可以在低级别职位工作，这不是问题，但是这些领域的工资始终不涨也是有充分理由的，这个问题比较严重。传统的科学专业毕业生似乎缺乏组织、沟通和管理能力，所以那些真正需要创意的工作岗位面临的人才缺口就显露出来了。布鲁克斯认为，大学招生方式需要做出较大改变，应该招收那些有智慧、有创新精神，并拥有多项微精通的人。

我们用思维引导世界发展的方式是：寻找相似性并归纳总结，在其他学习中发现类似的东西。基础知识越广，模式和案例的来源就越多。那如何挖掘新想法呢？当然是使各种旧的想法交汇、碰撞，采众家之长而得。再说一次，新思想的潜在基础越大，观点多样性和创造力就越大。

如果你知道鸡和塑料，可能会冒出个新想法，做一个塑料鸡用饮水器——一种能够为鸡自动提供饮用水的装置，它使发明家约翰·莱明（John Leeming）在 20 世纪 60 年代成了百万富翁。或者，你可能用哈利·波特（Harry Potter）的魔法穿越虚构的寄宿学校。或者找一块滑板，卸掉轮子，在雪地上滑行。或者你确实博学，可能最终会用蜘蛛网来研发一种比凯夫拉（Kevlar）纤维更强韧的新材料（这中间的关联是，蜘蛛网也用作望远镜瞄准器的十字准线，而凯夫拉纤维被用来制作防弹衣）。

并不是只有发明家和作家需要创新，我们每个人都需要。每项工作都受益于创新方法，拥有的潜在想法越多，越有创新优势。

允许自己创新

洛伦佐·多明格斯（Lorenzo Dominguez）的经历耐人寻味。他是一名懒散的公司职员，在曼哈顿做市场营销，生活每况愈下，婚姻也正走向破裂，每天往返新泽西的长途通勤让他麻木而毫无活力。他的妻子已经把他赶到他们郊区房屋的地下室去住了。多明格斯束手无策，但还是因为两个孩子而急于维持婚姻。他的妻子建议尝试分居，但他无力负担另租一套公寓的费用。后来，他去了曼哈顿中心的一座教堂，和牧师谈他的困境，牧师很同情他。然后，他在市中心得到了一套小公寓 3 个月的租住权，免租费，3个月后该房产将被重新开发。

突然，他手上有了大把的时间（通勤只需几分钟），于是重新燃起了对摄影的兴趣。每天晚上，多明格斯都带着一台很低端的数码相机在纽约街头街拍，拍了成百上千张照片。很快，他在图片分享网站 Flickr 上的相册引来了成千上万的粉丝，有两百多个博客使用了他的照片。多家著名摄影杂志希望刊登他的剪切照片并采访他。他变成一个有用的人了。那么他的秘诀是什么呢？

答案是：他给自己创新的机会。

街头摄影是一个兴起于 20 世纪的摄影流派，发端于亨利·卡蒂埃－布列松（Henri Cartier-Bresson）和其他众多徕卡相机摄影师的摄影。20 世纪 80、90 年代末之前，徕卡相机是街上快速偷拍的终极武器，小巧、易用、快捷且不起眼，再加上自动卷片功能，偷拍更是轻而易举。后来才出现了能自动对焦、自动曝光的高端相机。

第一代数码相机像笨拙的野兽，即便是高端的单反相机亦是如此。但在 2005 年，体积较小的紧凑型数码相机的性能和品质得到了提升，足以拍出可获赞誉的街拍照片。这样一来，摄影技术的又一次飞跃成为可能，但是采用的人很少，因为大多数人都迷恋于他们的单反相机，不肯放弃，而且他们很大程度上仍以电影拍摄的术语来思考相机摄影。

随着街头摄影成长为一种受人尊敬的摄影艺术，它遭到了"规则"的围困，而这些规则大多源于电影时代，随着紧凑数码相机的兴起而变得累赘无比。

多明格斯无视这一切。他把自己的相机看作是在纽约这个疯狂梦幻世界里实现创意的工具。他知道数码相机能比胶片相机发挥出更大能量。在夜间拍摄这一点上，数码相机更有优势（夜间拍摄对胶片摄影来说是个问题，需要特殊显影技术，但数码摄影就很容易能做到）。

大多数街拍摄影师试图让自己的照片看上去像以前大师的作品，但是多明格斯不这样，他去各种地方寻找美丽的画面进行拍摄，不断调整相机的位置和功能，并利用显影软件，使照片达到极致。

用数码相机可以一晚拍 600 张照片而不会因为出汗停下来，这不同于胶片相机，后者可能只能拍 200 张。加里·维诺格兰德（Garry Winogrand）是街头摄影特级大师，过去每天大概要拍 100 张照片，但去世后留下了数千个尚未冲印的胶卷。冲印照片很花时间，这使得摄影师最终会保留一部分胶卷不冲印。

多明格斯跨越了这道鸿沟，他在街上对同一景象进行系列拍摄，而不是只拍单张照片，这样就可以事先精选，然后冲印。而且，他对一切优美的景致都感兴趣，这使他摆脱了街头摄影的陈规陋习——总是捕捉广告牌前带有刚毅或讽刺意味的画面。

多明格斯几乎是意外地实现了街头摄影微精通。他白天要工作，只有晚上能拍照，而且没钱，只能使用一台专业人士不愿意用的廉价的紧凑型相机。同样因为费用问题，他只能在纽约街头拍摄。这些限制反而成就了他独特的审美观。也正是这些限制，使很多所谓的专业人士远离了他关注的这个领域（实际上，大多数街头摄影师要么靠教书，要么靠拍更多的商业照片谋生）。他觉得自己没有什么可失去的，而摄影是一种自我治愈方式，抚慰了他躁动的灵魂。

之前我们已经看到了玩耍与微精通之间的关联。多明格斯不是专业人士，没能力和媒体打交道，他允许自己把摄影当作玩乐，这样感觉更好。从允许自己玩乐到允许自己创新，甚至是完成一项创新任务，其实只要走很小的一步。

横向思维，逆向思维，头脑风暴，随机关联

这四项都是提高创造力的尝试及实验方法。横向思维是增强创造力的核心，如果你已经在一个洞里，横向思维就指挖新的洞，

而不是把当前的洞挖得更深。通过拓展思维的广度而不是深度，来建立新的关联。

随机关联与之类似：试着把当前面临的问题和任意东西联系起来（比如登月或香蕉），用这种人为的方式强迫自己思考，新见解往往会随之浮现。

逆向思维是另一种方法，通过反过来思考那些看上去固定的、传统的、想当然的主张和观点，迸发出新思想。

头脑风暴是一种团队努力形式，重点是在讨论结束前避免互相否定和批评。这种方法认为批评和自我审视（基于对他人想法的焦虑）通常很快就会对创造力造成致命的伤害。

我们有理由断言，这些技能的演变是对自然资源匮乏现状的回应，而更注重博学的我们的祖先就没有这样的困境。微精通就像榨果汁，提供了比上述任何过程所能用到的更多的原材料。更重要的是，它能给你转换视角的信心。

如果你是现代专家，你会诚惶诚恐于跨出自己的领域，同时恨不能与外来入侵者做殊死搏斗。这导致故步自封，进入"或战或逃"模式，而不是开放和分享，后者才是使你拥有创造力的真正模式。所以，如果只是坐而论道，空谈头脑风暴、横向思维概念什么的，这些方法将毫无用处，因为你根本不敢用它们。但是如果拥有一些微精通，你就能在不同的知识领域间来去自由，一切都看起来不一样了，视角也转换了，而且你的信心增强了，更具创造力。

开放思维

一旦习惯于实践微精通，你会睁大眼睛观察，而不再是眯着眼看世界了。不再自我设限，不再认为自己的兴趣幼稚而肤浅，慢慢地，你将对任何事情都饶有兴致。

本书已多次提到迈克尔·莫山尼奇博士，他是中风康复与学习方面的世界顶尖专家。在关于中风患者如何增强学习的研究中，他发现人有一种神经开关，学习时或开或关。不出意料，枯燥、乏味的事情会让这些开关关闭，而且会习惯性关闭。为了使它们保持打开的状态，我们要养成做事情专心致志、全神贯注的好习惯。

微精通能让我们对自己看中的任何事情都兴趣盎然。所以还等什么？让我们赶快进入微精通实践中心来瞧瞧具体的案例吧。

微精通实践中心
▲

这部分将详细介绍39项不同的微精通，每项包括4～6个指导步骤，很多还配有图例，清楚明了，学起来更容易理解。但请记住，这些指导仅仅是开始，请在互联网上搜索你需要的任何视频资源，深入学习研究。

这些方法也只是冰山一角，我个人采用多种学习方式，但是会在最开始时专注于实践，做那些看上去能吸引我注意力并能长时间坚持的事情。这些其实也是传统技能，只不过有时会精心打扮一番，改头换面后才出现在现代背景中。

在有些微精通项目中，每个步骤都对应、结合了微精通六元素中的一个，六元素包括入门技巧、协同障碍、背景支持等。那些指导步骤少一些的，也融合了六元素，只是描述得没那么详细。不管哪种方式，都说得很清楚了，你再也找不到什么借口了哦，马上学习起来吧。

1 手绘漂亮的线稿草图

任何人都能画画。不管在学校美术课上有多丢脸，我保证你可以画画。你也许听说过，画画的重点不在于画，而在于看。这一点越来越成为共识。通常，人们说自己不会画，是指不能把自己大脑中呈现的图案在纸上逼真地画出来。但这只是绘画的一方面，而且你根本不需要达到这种境界。

1. 方法是找一张自己喜欢的线稿图临摹。丹·普莱斯的两本书《极尽简约》（*Radical Simplicity*）和《月光印记》（*The Moonlight Chronicles*）与众不同，我觉得非常适合练习，于是从中选了一些草图。艺术家埃贡·席勒（Egon Schiele）的画也很不错，简单实用，我也临摹了一部分。你需要四处寻找，直到发现满意的为止。

   讨论线稿图是因为，在绘画领域，首先接触到的就是线。美术老师总是想让你用蜡笔和炭笔，但这会搞得一团糟，每个想成为艺术家的人都希望看到艺术，而不是混乱。当然，有经验的艺术家即使用炭笔也不会把画面弄得脏兮兮，但是我们还没有达到那个水平。所以，找一只好用的黑色美工笔，出水流畅，握笔容易，开始临摹吧。

2. 绘画的协同障碍在于如何画得又好又像。一味追求"好"是错误的解决方案。比如画一台挖掘机，即便线条歪歪扭扭，只要看着酷就行。做各种复杂尝试并画出优美的线条是以后的事情，现在只要把别人的绘画、照片和简单物体作为灵感来源而不只是模型就好。画好后也可以加一些小涂鸦作装饰，如果看起来更美的话。精华部分可以画得显眼些，无聊的东西则可以省略，这样画起来更开心，效果也更好。

3. 你需要一本能启发灵感的素描本来画画，越贵越好。出门在外，A5 大小比较合适，在家则可能 A3 大小更合适，总之要让自己画欲大增。画笔选择也依此而行，铅笔如果很无聊、很糟糕，我就会用它们勾勒粗略的轮廓。我喜欢笔尖比较细的笔，0.05 毫米的就不错，得韵（Derwent）牌和贝罗尔（Berol）牌是我的心头好。人们可能会质疑，你这个业余爱好者的绘画装备太专业了吧。这真是无稽之谈，能让自己有绘画欲望的东西才是最好的。

4. 告诉自己，不论多基础的画，完成就能获得成倍的快乐。艺术家、作家舒·雷纳给我展示了他如何教授绘画基础课：画圆、正方形、立方体和管子，并在现实生活中寻找这些图形。瞧，你已经会画这些了嘛。画一幅桌子或是书这样的立方体图画不难，还能让你心满意足。画完了在上面签上你的大名和日期，作为一种更大的激励和动力。

5. 一样东西画多次并不会让人厌烦。我一直在画茶杯和玻璃杯。画过一阵后，我能观察得更加清晰透彻，甚至能开始画此前让我胆战心惊的阴影，还真画出来了。后来我开始研究漫画家乔·萨科（Joe Sacco）的阴影技法并模仿，于是又前进了一步。与摄影不同，同一物体可以画出千变万化的作品。

6. "海阔凭鱼跃，天高任鸟飞"，心动不如行动。以后终究还是要试试木炭画的嘛，搞得一塌糊涂也没关系，还可以拓展到水彩画，墨水也能渲染出不错的效果。要选你喜欢的作品临摹。我上学时，有人说临摹不是原创，简直一派胡言。临摹是入门方法，可以借此获取信心并慢慢上手。练过一段时间后，你就能发现自己偏爱的风格了。

2 爱斯基摩翻滚

皮划艇发生倾覆时，完美的水中翻滚是最能让你安心的技术了。你坐在座舱里，腰上围着防浪裙以防进水，不疾不徐地划着桨。突然，一个恶浪打来，你翻过来了，头到了水下，但是手里还抓着桨。这时，如果能有足够的力气划桨，你就能使皮划艇再次翻滚，从水下翻转到水上。

很多人做了大量的划桨练习后才学翻滚，而实际上，作为一项典型的微精通，你甚至可以在开始使用皮划艇之前就学一学它。

以前，欧洲人认为自己不可能掌握爱斯基摩翻滚，这可以算是对"种族存在优劣"这种无稽之谈的反讽吧。所以直到20世纪30年代，北极探险家基诺·沃特金斯（Gino Watkins）在探险中翻艇遇难后，这种翻滚才被视为一项标准技能。这项技能源于对北极居民早期翻滚技能的传承，他们使用短小的桨，穿着厚厚的皮毛，把自己裹得严严实实，不让自己沾到水，甚至耳朵进水也不行。他们从不单独出海，怕出意外。

基诺·沃特金斯那时又累又冷，没办法把皮划艇安全地翻转过来。所以，基于这个警示，我们开始学一学爱斯基摩翻滚吧。

1. 首先，前面说过，倾覆是指艇上下翻转，你头朝下埋在水里，但是因为腰间围着防浪裙，水并没有进入船舱。你可以让桨沿着艇边浮起来，将其作为杠杆来划水，使艇快速翻转回来。同时，身体向前倾以减少阻力。经验丰富者利用救生圈甚至只用手拍打水就可以实现翻滚，不过我们这会儿要用到桨。

技巧在于臀部发力。一开始你以为这一切只跟桨有关，而划桨是需要用手使力的，所以必须有力量从别的地方传递过来。上下颠倒时，位于臀部和背部的人体重心很高，几乎高于吃水线。你的大腿、脚和膝盖直接或通过绑带撑在船上，使得臀部力量能直接作用到船体。

想一想用臀部转呼啦圈，然后想象靠一侧臀部用力，在空中做弧线翻转。有了这一印象，就可以到码头或有边沿的水池里去练习了。在船体倾覆时，抓住边沿可使身体保持在水面以上。现在可以靠臀部来翻转船体了。要学着体会臀部用力与船体晃动之间的细微联系。一开始可能会在码头边缘起起伏伏地难以控制，但练过一段时间后，只要轻轻挨上边沿就可以使力了。

然后就可以试着用救生衣或游泳浮板来代替码头的作用。因为它们是浮动的，有些不同，但本质是一样的。之后，你就能从救生衣进阶到船桨了。先让桨沿着船侧浮在水上，然后用力向下拉，开始向下划水。因为你在向下划桨，所以在水里不会移动很远，记住，桨就像一根杠杆，用来帮助船体保持平稳。打水越用力、越快，越会觉得像是在击打固体而不是液体。

一定要在同一时刻，突然臀部发力晃动船体并向下用力划桨，你将冲出水面，翻转成功。

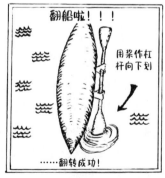

2. 这里的协同障碍是如何使臀部晃动和划桨动作同步匹配。二者越协调，越省力。你需要在码头边反复练习，真切感受臀部、船体、依托物之间的关联，不论依托物是手、救生衣、码头边沿还是船桨。如果忽略这个过程，直接反复练习翻滚，那你可能数星期后仍然少有进步，但是如果用我的方法，包你半小时就能学会。

3. 配齐合适的装备，让自己爱上翻滚。艇的大小不重要，关键是要合适，确保扭动身体带动船体时，二者不会脱节。戴上耳塞，你的头得长时间埋在水里，水灌进耳朵的滋味可不好受。最早的翻滚者会在头上裹防水布，而你可以用潜水服头盔来代替。穿上防寒泳衣或干式潜水服，或者在很暖和的天气里练习，因为寒冷真的会破坏学习进程。精通了这项技能后，你有足够的时间在冰冷的水中翻滚。戴好头盔，以防水下有障碍物。我喜欢两头的桨叶平且小的船桨，也就是说，两片桨叶被设计成处于同一水平面，这样划起来容易些。但是你也许会觉得，有角度的那种桨效果更好，因为划起来风阻小。

4. 不论是在波涛汹涌的河流中、大海里，还是穿过水域广阔的多风湖泊，皮划艇爱好者最大的恐惧就是翻船，人埋在水下。不会翻滚难免使人神经紧张。如果在湍急的水流中练习，那么单是知道怎么翻滚就能大大提高你的划桨技能。

5. 把学习翻滚当作游戏玩起来，不管什么时候出去划船，这都可以是一项派对绝活儿。只要戴着耳塞（医用耳塞），你就不会有问题。

6. 完成了常见的双叶桨翻滚微精通后，你可以做各种不同的实验，比如用单叶桨的、只用双手的，还可以试试满载物品的艇或双人艇，这些都做完后，下一步你就可以尝试内部有浮力的开放式艇了。

3 测量洞深或井深

任何人都会喜欢深不见底的神秘地洞吧。它们可以是废弃的矿井、山洞、枯井，甚至电梯井道（当然你要先小心地扔石头下去）。对，石头，这就是测出洞有多深的秘诀。

1. 诀窍在于一个可以追溯到伽利略的计算公式。它基于一个事实，任何物体不论其体积大小，重力加速度均为 $9.8m/s^2$（速度的单位为 m/s，加速度是指速度增量，所以是 m/s^2）。重力是出现加速度的原因，只要不是用羽毛或很轻的石头做实验，结果都会很不错。（真空条件下，羽毛和石头确实会以相同的速度下降，但非真空条件下，小而重的石头遇到的空气阻力比羽毛要小得多。）

   9.8 计算起来有点麻烦，可以约等于 10 来用。然后你需要手表或者能数秒的办法。我靠重复说"巴拉"来计算，"一巴拉巴拉，二巴拉巴拉，三巴拉巴拉"，特别准确，据此算出来的洞深可以精确到米。放开石头的同时开始数秒，听到触底的"扑通"声时停止。下坠高度等于重力加速度的一半（10 的一半是 5）乘以时间的平方，如果下坠时间是 3 秒，那么洞深就是 $5×3×3=45$ 米。

2. 做这件事有障碍吗？还真没有。把时间掐准是关键，如果你愿意，可以用秒表。

3. 找到一块好石头比较难，也许没有那么难，但很值得一找。有时候洞里会有上升气流，所以很小的石头经不起吹。太大的石头又有点过大，可能会碰到井壁，那么测量时间就不准了。所以，比高尔夫球稍小一点的石头刚刚好。

4. 扔石头下去的回报是，你可以获知地球表面深洞或裂缝的精确深度，从中获得极大满足。探索未知是我们的天性，即使我们明知有些事情可能不该探寻。不经意地扔一块石头到井里，就能精确计算出其深度，这实在是有点玄妙。有些东西却需要靠测量仪器，并经过艰苦卓绝的努力、衣带渐宽的乏味冗长过程，才能得到数据。

5. 扔石头测量洞深可以变成一种竞赛游戏。你可以先用一根知道长度的绳子栓好重物，放下井或洞测量准确洞深，或者可以查找官方资料获知数据。然后开始比赛，自己用石头测出的洞深最接近官方数据的人就是赢家。

   显然，你得有判断常识并谨慎行事。如果洞底有洞穴探索者或其他什么人，扔下的石头砸到脑袋上可是会致死或致残的，所以扔之前一定要确保洞里没人。

6. 这只是最基础的物理实验之一，却带我们进入了整个测量领域，帮我们解决各种难题。在乡村散步或郊游时，可能会有人问："这条河多宽？""那棵树多高？"有时候还要下个赌注。然而，高度和宽度很容易用简单的工具和几何关系计算得到，所以那些喜欢实践的业余物理学家也许很乐意做井深测量这样的事情，从中获得成功的喜悦。

4 砍伐原木或树

谢天谢地，我们生活在有生态保护意识的时代。但即便如此，有时也需要砍伐一些树木，比如老树、病树，或只是因为长得太密了。当然，你可以用电锯（呵呵），可是它很普通，还有点无聊。你还可以用伐木斧啊，它可不像看起来那么简单。

1. 让我们从原木砍起吧。原木躺在地上，可能很重，很难搬动，那怎么把它砍开呢？通常，新手伐木工热情很高，但毫无章法，东砍砍西砍砍，砍不出什么结果。后来才发现，一旦砍出一个小"V"形缺口，然后就得不断花力气扩宽缺口，只有这样才能砍得更深。这很花时间，而且几乎不可能砍断直径 1 英尺[1] 的原木。

   但其中也有窍门，只要在原木上标出一个宽度与直径相同的区域，然后斜着左右各猛砍一下（"V"字形），再将"V"形区域内的木块逐渐砍掉即可。如果原木直径是 2 英尺，那木块就长 2 英尺。左右砍，因

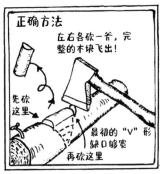

1　1 英尺等于 30.48 厘米。——编者注

为是斜着砍的,砍下去后两边的距离会比先前短些,木块从中间飞了出来。真是事半功倍,相当令人满意。这也说明了以前的伐木工为什么那么轻而易举就能毁坏森林。

2. 如果斧子够好且木头不是太硬,那协同障碍也不会很大。主要是如何平衡用在斧子上的力量,要让斧子的自重发挥作用。如果只是抢起斧子狂砍,那很快就会疲劳。

　　看过在喜马拉雅山脉生活的传统部落女性砍木头的人都会注意到,她们的动作相当飘逸、柔若无骨,她们举起砍刀或斧子,然后让其利用自身重量砍向木头,而她们只是像对奔跑的马儿轻轻来一鞭加点速而已。

　　要体会到,是斧子头那 1 公斤多的重量在砍木头,而不是你肌肉紧绷的胳膊。还要始终看清斧头的落点,聚精会神在特定的位置上,这样就能砍得正。

3. 这里用斧子只是为了开凿,而不是劈柴。大多数人用斧子是为了后者,所以宽楔形头部的斧子很常见,但不常用来砍原木和树。要想砍得深,斧子头需要窄,像切肉刀那样。至于到底多大尺寸才合适,取决于你要砍的原木大小。如果要放倒 1 英尺多粗的树,就需要全尺寸斧子,比如福斯美国伐木斧(Gränsfors American felling axe),重约 2.5 公斤,足以搞定任何你想砍伐的原木。

4. 砍原木很有成就感,如果砍得好,飞出来的木块可用于引火,一点都不浪费。然后可以用楔子或劈柴斧把原木劈开。这样,不必借助令人生畏的电锯,就能完成从伐木到生火的整个操作,还能很好地锻炼肌肉力量和动作协调性。

5. 如果你家里有燃木火炉或壁炉，常常需要木柴，那用斧子比用电锯方便多了，因为斧子的日常保养和磨砺比电锯更容易，而且更能吸引人不断练习，提高砍伐技能。

6. 用斧子做实验听起来有点危险，但是对于户外活动爱好者来说，比如雷·米尔斯（Ray Mears）和莫斯·康琴斯基（Mors Kochanski），斧子是他们的心爱之物。一把小斧子可以用于雕刻或切削，而大斧子可以放倒足够的树木，建造一座遮风挡雨的屋子或享受大自然的小木屋。建造小木屋的原木末端总是呈尖形，模仿了斧子砍削出的形状，而非锯子锯出的样子。

5 攀绳技艺

除了爬树者和树木医生可能有需求，其他人好像很少需要爬绳。登山者大多不会爬绳，他们使用特殊的提升装置。体育馆里有时会配备表面不光滑的粗绳，供一些人攀爬。对于其他人来说，这种相对简单的攀爬和爬印度通天绳一样神秘且困难。

爬绳是力量和协调性的有效结合，有时还能救命，万一掉进黑漆漆的坑里出不来，只有绳子能拯救你。在儿童历险小说里，总是没有足够时间打好绳结，这种情况下，要么自己爬上去，要么彻底失去获救机会。

1. 粗绳容易爬，因为绳子和脚之间的摩擦力大，这是关键技巧。树木医生常用细绳，直径约 0.5 英寸，不太适合悬挂。利用抓握绳结或上升器，可以沿绳攀爬，在向上移动脚时也可以用手悬挂。不管哪种方法，关键在脚，而不是手。

在"动态学习"那章曾提到，要把双脚都呈"S"形绕在绳子上，一上一下，高位脚使劲向下踩，低位脚做支撑。穿靴子或结实的运动鞋比光脚更利于爬细绳，而爬粗绳时，薄一点的鞋子也可以，人也不需要裹得太严实。

绳子绕在脚上成了有力的刹车装置，一脚往上移动时，另一"脚刹"可以把人牢牢锁在绳子上。脚往上提时，靠双手抓住绳子来悬挂身体。膝盖弯曲，利用"脚刹"站起来，然后伸直膝盖，这样一步步地爬上去。手和胳膊只用于短时间的悬挂，膝盖屈伸才是爬高的关键。

2. 协同障碍在于协调问题。在脚绕绳、向上滑动时，有那么一两秒需要手来帮忙悬挂身体。缠着绳子的两脚绷紧，你就可以固定在绳子上了，这时双手解放，可以向上滑动，然后重复这个过程。

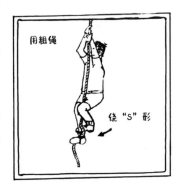

用粗绳

绕"S"形

向上滑动并固定能大大减少手的负担，爬绳真正靠的是协调和技巧，而非蛮力。始终让绳子缠在脚上而不滑脱正是技巧的一部分。

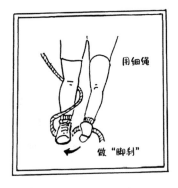

用细绳

做"脚刹"

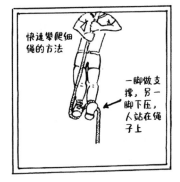

快速攀爬细绳的方法

一脚做支撑，另一脚下压，人站在绳子上

3. 先爬粗绳，再练细绳。如果目标是直径为 13 毫米的爬树绳，可以先学习如何悬挂在绳子上。靠上升器来悬挂，同时练习上下滑动双脚。

4. 爬绳是很棒的全身运动。现代健身房可能很少有那种老式的悬挂在天花板上的绳子，但是爬绳运动却在回潮，它是军事训练的宠儿。爬绳能锻炼上身、小腿及脚部肌肉的力量和协调性，是一项很特别的运动。

5. 可以给自己的每次爬绳计时。练得足够好之后还可以参加爬绳比赛。起初你可能会担心没爬多高就力气耗尽，练习过一阵后你就会明白这真的是杞人忧天。只要技巧运用得当，爬绳比看上去要省力多了。技能完全掌握后，可以用沙袋之类的东西来增重，或使用爬树装置以增加攀爬难度。

6. 爬树是有危险的，我曾掉下来，摔断了胳膊。但只要小心谨慎、采用合适的装备、结伴而爬，应该能找到安全边界，保自己平安无事。爬绳运动或许能带你走进令人陶醉的攀爬世界，爬上美国、澳大利亚的 300 英尺多高的巨树，到了高处后，会有"一览众山小"的全新感觉吧。

6 站上冲浪板

冲浪最能体现什么是自由。在海里滑行，驰骋浪巅，感受生命，放飞心灵。有时，巨浪会把你卷进水底，眼看要来个狗啃泥，鼻子都贴近海床了。有时，你又会被抛向空中，高到似乎能和天上诸神打个招呼。

如果你觉得自己太老了，学不了冲浪，可以参考威尔玛·约翰逊（Wilma Johnson）的《冲浪妈妈》（*Surf Mama*）一书，或者在网上搜索"老年冲浪爱好者"。

1. 入门技巧是，下水前练习靠脚弹跳起来，而不是膝盖。用膝盖不会更容易站起来，而且会养成坏习惯，很难改过来。

   开始时不用冲浪板，趴在地板上，像做俯卧撑那样（不过双脚要和背部保持水平，像鱼的尾鳍一样，而不是脚趾弯曲抓紧地板）。肚子贴着地板，做不标准的俯卧撑，眼睛始终直视前方。使劲拱起背，然后跳起来，前脚落在与肩膀平齐的地方。不用担心平伸的脚趾，它们会自动服从大脑发出的站立指令。

   身体可以朝向左或右，但是头要一直面向正前方。脚与地板应该保持在约45度角，平衡姿势最重要。跳起来的时候要目视前方，不要往下看，脑袋动来动去会扰乱平衡。

   在地板上练好后，可以转到有

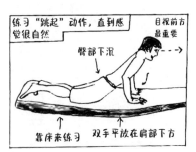

弹性的床上去。把冲浪板放在床上，脚趾挂在板尾边缘，手放平，拱背，跳，站好位置。与硬地板不同，床会晃动，更像是在水里。在床上练到感觉很自然后，就能下海了。

2. 协同障碍是如何把握海浪的向上推力和冲浪板的移动速度，使之同时达到最佳时机。太早不稳定，太晚会失去对板的控制。

板不知不觉地滑出去，能感觉到浪推着向前的力量，这是个好时机。可以用手划水推板，这样板会减少晃动，滑行更稳。利用这个稳定时刻，能够更容易地跳上冲浪板站稳。

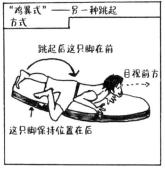

3. 戴上耳塞，当然是医用类。如果有点怕冰冷的海水，就穿好全身连体防寒泳衣。冲浪在于享受户外的美好时光，而不是战栗和绝望。

喜欢和水亲近的人会觉得时间过得飞快。要选一块足够长的冲浪板。很酷的板总是很短，而长一点更稳定且易于站立。泡沫塑料板常遭到鄙视，实际上却是绝佳的初始学习板。

最后，建议去海浪浪形好的海岸，那些以某种方式落下后又继续向前推进的海浪就是好浪形的海浪。在复杂海浪中学习会遇到更多困难。完成"跳上板"的练习后，可以参加专门的冲浪课，那会给你更大的信心，教练知道哪些地方更适合初学者。

4. 冲浪能带你游览全球一些较偏远的景点，从挪威到安哥拉，人们搜寻出很多荒凉的海滩，在浪巅飞舞，享受愉悦。

　　冲浪也会让你觉得是在对的时间、对的地方做了对的事情，它是拯救你枯燥乏味的办公室日常的一剂良药。一开始，虽然在水里只有几分钟，却像是过了很久，后来，即使待上几小时，也只感觉时光似箭，飞逝而去。

5. 冲浪会上瘾。邀上三五个伙伴下海过瘾，在浪里高兴地冲一会儿浪，上来喝一杯瓶装咖啡，然后再下去。不需要逞强，一直玩下去就好，没兴趣了就收工，持续的时间会越来越长。

6. 夏威夷的冲浪运动发展出两种方式，一种是立式单桨冲浪；另一种不用冲浪板，只靠自己的身体，叫人体冲浪。前者不需要学会如何在冲浪板上跳起来，而且很小的浪也可以玩，很快就能习惯站在水里的板上。你也可以在水中的桨叶式冲浪板上练习跳起，比在陆地上真实多了，效果也更好。

7 自选话题演讲15分钟

众所周知，公开演讲比死亡更可怕，却无疑是大多数职业需要掌握的关键技能之一。对缺少经验的人来说，要求在毫无准备的情况下随便找个什么话题开口就讲，似乎不可能。不过一旦阅读了下面的指导说明，你就能手到擒来。这是一项我特别喜欢的微精通。另外，大多数现代即兴游戏的发明者凯斯·约翰斯通也对它表示感谢，因为他从中受益良多。[1]

1. 主要技巧是马上真实描述你的所思、所感、所做。如果站在那里觉得紧张、没准备好，那就直接告诉听众。如果给的主题是"中国后汉花瓶"，就说清楚自己这方面知识的局限性，到底懂多少，这个主题让你联想到什么，给你什么样的感觉。演讲不是简单的闲聊，与你的精神状态和演讲主题都密切相关。如果人们不耐烦，开始走来走去，甚至要离开了，也还是陈述你的所思、所感、所做吧，让大家笑一下总是好的。

2. 如果演讲中途卡壳了，马上请教听众。可以肯定，几乎总是有人对你被要求演讲的这个艰深话题懂得更多些。要积极热情、非常尊重、谦恭有礼地对待自愿出来帮你的人。首先问问他们的名字、职业、来自哪里，大家都喜欢讲一些个人经历。请他们到前面来，消除顾虑，让他们安心。然后谨慎仔细地提问，引出他们知道的内容。之后，引导听众报以真诚热烈的掌声。千万不要敷衍了事或带有嘲讽口吻地妄加评论，这些

1　参见凯斯·约翰斯通：《即兴表演：即兴创作与戏剧》（*Impro: Improvisation and the Theatre*），Methuen Drama 出版社，2007 年。

可是救你于水火的恩人啊。

3. 好了，这下可以做最后的冲刺了。第三根救命稻草是扭转情绪。比如这个中国花瓶，我要说一下我的真实想法，这个东西让我感觉很不舒服，它是封建王朝腐朽堕落的象征，毫无意义，毫无用处。但是我需要扭转情绪，静下心来研究，这样才能获取更多客观可信的资料来帮助完成演讲。

4. 勇敢大胆地公开演讲是一件美妙的事情。想想所有那些派对、晚宴、婚礼、商务演讲、销售会议、解说、奥斯卡获奖感言，你都将无所畏惧。只要尽量放松，和听众积极互动，不去绞尽脑汁回忆讲稿内容，就算你讲得不是特别好玩，大家也会觉得你很有趣，会开怀大笑的。

5. 一有机会就主动演讲，酒吧里、聚会上都行。大家可能会觉得有点奇怪，但这是增强信心和提升幽默感的方法，而自信和幽默通常是成功演讲的关键。

6. 公开演讲可能会带你进入即兴表演这个让人惊叹的领域，远远超越即兴喜剧《台词落谁家》(*Whose Line Is It Anyway?*)那样的表现形式。在即兴表演中，要努力让合作伙伴表现优秀，而不是炫耀自己。大家都尽力成就对方，这世界将多么神奇而美好。

8 砌一堵砖墙

砌砖能力可以把那些精心改善家庭设施的人和泛泛涉猎者区分开来。可是这真的很难吗？屡战屡败，太没道理了。要15岁就开始当学徒才能学会这门"黑暗艺术"，那纯属无稽之谈。

著名的博学家温斯顿·丘吉尔（Winston Churchill）在自己的乡间居所查特威尔庄园砌了一堵墙，并为此感到自豪，这堵墙直到现在依然屹立不倒。所以，从这个例子获得启迪，开始砌砖吧。

像所有的微精通一样，其完成后可以拓展到规模更大的项目，不过一切都要从一块砖砌到另一块砖上这个最基本的简单操作开始。墙的厚度是砖的一半，就是说，砖要纵向平放砌上去。这是最佳开始，做起来不复杂，不像搭烧烤架那样的日常考验，又是板，又是烤架，要组合各种配件。

1. 入门技巧在于水泥，有了水泥，你就能开工啦。注意，是水泥而不是砂浆。石灰砂浆确实是非常好的结合材料，能让建筑物"呼吸"，还能稍稍移动，但是干得很慢（虽然看起来没那么慢），而且操作起来麻烦。这属于下一个技术高度，在掌握了水泥、沙子和非常重要的增塑剂用法后，完全可以实现。

   一定要从增塑剂开始，可以在DIY商店购买。（尽管可用洗洁精代替，但是合适的增塑剂更持久稳定。）将沙子和水泥以4∶1的比例混合，必须是砌砖用的细沙，里面含有一些黏土。然后根据使用说明加入增塑剂。一开始，在桶里搅拌比在常用的泥工板上容易些。然后一点一点加水，同时用泥刀搅拌均匀。想要得到像柔软的冰激凌或滑顺的花生酱那样的质地，你可得好好用力搅拌。

2. 慢慢搅拌，混合均匀是关键，这也是协同障碍所在。太稀的话，砖块会在层层重压下下沉、错位；太稠太硬则会使砖块间难以粘合，所有材料都会干燥、疏松，用很硬的水泥很难砌出高水平的砖墙。

　　用桶调制水泥时，不要加太多水，要保持合适的黏稠度。水泥在桶里干得没有在泥工板上快，而且可以随时在表面喷水保湿。如果天气炎热，砌前可以先把砖弄湿。这些措施都是为了使水泥混合物保持良好状态。

　　砌墙总是需要一个表面平坦的混凝土地基。有了地基，现在铲些水泥到上面，铺成一块，用泥刀抹成中间高四边低的"V"字形。水泥要铺多大块呢？好泥工能保证砖块之间的水泥厚度在约 0.5 英寸，这意味着铺上去的"V"形水泥混合物块要达到 1 英寸的厚度。四边可以再抹斜一点，这样水泥就不会浪费太多。砖块放上去后不应该自己下沉（否则说明水泥混合物太稀），用手压并用泥刀敲击砖块使其平稳。用水平仪保证砖面完全水平，用切口测量棒确保高度准确。

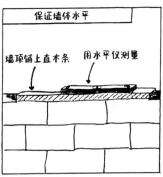

3. 工具和材料的好坏，对其能否发挥作用至关重要。增塑剂和砌砖用沙，对提高水泥混合物的质量确实有帮助。配一把合适的砖匠用泥刀，那种自己做的贴瓷砖用的泥刀太小了，不好使。

拉一道整墙宽的水平线，以确保砌砖过程中各处保持应有的同等高度。对于第一次砌墙尝试，在两个固定的垂直支架或两堵墙之间工作会更容易些，这种填补缺口式的方法意味着你只需要考虑墙体是否倾斜，有没有保持水平。

4. 温斯顿·丘吉尔对自己砌的墙感到十分自豪，每次有客人到访查特威尔庄园，他都会向他们展示。能砌墙总是会给人留下深刻的印象，即使是一堵矮墙，受到青睐也会给你带来激励。

不止这些，在"升起墙体"[1]的工作中，人们还能感受到一种近乎原始的成就感，仿佛在建造庇护屋的基础部分，这种屋子是人类最基本的需求之一。或许，一些祖先的印记仍然涌动在我们的血液中，使我们对砌墙欲罢不能。

5. 只砌一堵墙就能大量重复砌砖这种基本动作。你可以专注于把每块砖都砌得完美。没砌好也不要紧，因为几秒钟后，马上又有机会练习提高技能了。

6. 这样的实验可以无止境地进行下去。从简单的经典顺砖砌筑（砖的长边平行于墙面，平躺，上层砖的中间压在下层两块砖的接缝处）开始，可以拓展到五花八门的、有趣的砌筑方式。不同的方法，不同的颜色，不用水泥改用砂浆等，甚至可以建造一座房屋。

---

1 先建造好墙体，平放在地面上，然后拉起。——译者注

9 对话写作

　　这年头人人都是写手。电脑和互联网在家庭中得到广泛应用，使得我们每个人都成了潜在的写作者。事实上，不论写作水平优秀与否，只要你愿意，就可以创作小说、剧本并出版。一些并非出自专业作家之手的作品也取得了巨大的成功，比如 E·L·詹姆斯（E. L. James）的《五十度灰》（*Fifty Shades of Grey*）。

　　小说和剧本都需要描写对话，于是人们就通过写那些让人羞于启齿的对话来显示自己的写作功力。甚至一些颇受好评的作家也认为，对话就要写成冲突式的或是哈罗德·品特（Harold Pinter）风格的平行独白（剧中人物看似在交谈和对话，实际上是各自独白），但其实真正好的对话写作远远不止于此。

1. **令人难以置信的是，对话写作的入门技巧在于对身份地位的体现。用戏剧性的有趣对话揭示身份地位的差异，我们习惯于此可能是出于进化方面的原因。**

　　　　这并不意味着地位越高越好，只是说与自己的地位越合拍越易生存。因此，要想写出精彩的对话，首先要赋予对话人物各自的地位层次。不是指社会地位，而是交互地位。例如，休·格兰特（Hugh Grant）说话可能像英国上流社会人士，但是他饰演的剧中人地位低，在和比他自信的人对话时，这就成了问题。再比如，在一出对话中，相比一个从自己的车上下来匆匆扫视的贵族，一名身体强壮并不愿意居于次要位置的汽车修理工的交互地位更高。

　　　　所以，在开始写对话前，要弄清楚当时、当地哪个人物的交互地位更高。你可能认为他们处于同等地位，这种情况下可以将其互换，人物之一持续一段时间的高地位，然后利用玩笑降低其地位，提高另一人物的地位。朋友之间通过把身份地位当作笑话来显示他们的亲密关系，或者利用身份互换来获得喜剧效果。在一场地位较量中，没有幽默感是高地位表演的标识之一。高地位表演者会为了维护地位去对抗，而非让渡。这就是戏剧的切入点。

2. 记住这点很重要：不论地位高、中、低，人物都可能快乐而积极，也可能刻薄而消极。我们常常想当然地认为高地位的特质是阴郁而简慢，这是很多电影里对上流社会的老套印象，其实高地位的人也可能是充满朝气、喜悦快乐的。

　　对话写作的协同障碍，在于依靠有意义的内容来平衡对话中的现实主义，一旦考虑了地位问题，消除障碍就变得容易了。有时也需要让人物说些无关痛痒的废话，那没关系，不过整个对话要传达出富含意义的内容才行。不用力过猛才能达到平衡，重申一下，比起只有信息堆积，将对话构造成不同地位间的交互形式会使平衡容易得多。

3. 写对话时不要在意角色，而要考虑角色间的关系。很多预设关系能派上用场，比如母与子，仆人与主人，老师与学生。吸引我们的是关系而非怪诞的角色。一个变态连环杀手的怪异模样会让我们关注 5 分钟左右，而如果给他设置几个受害者（认识他但不知道他精神异常），以及一个追踪他的警官，那我们会迷上好几个小时。

4. 想想自己认识的人，考虑他们身份地位方面的关系。谁占主导地位，具体情况是什么样，谁又居从属地位，状态是什么样。然后想象他们之间关于各种主题的对话，从足球到魔术都行。看对话如何来回进行，一方听从，而另一方显摆知识，或者双方可能轮流占据主导地位。

5. 可阅读德斯蒙德·莫里斯（Desmond Morris）的《男人女人行为观察》
（*Manwatching*）了解更多关于身份地位的观点，该书涵盖了人类所有主
要行为。如果对对话内容有疑惑，可以问问自己，在对话中，谁是那个
更显要的"大猩猩"，弄清楚后，再从那里继续推进。[1]

6. 有些人终日占据高地位，而另一些人能在不同地位间转换。一些人只在
私密环境或名人面前呈现低地位姿态。比如希腊船王亚里士多德·奥纳
西斯（Aristotle Onassis），地位几乎凌驾于所有人之上，但在温斯顿·丘
吉尔这位政治家登上他的游艇时，他也曾表现得像个非常体贴的仆人，
因为丘吉尔只能处于高地位，为了避免冲突，奥纳西斯切换到了低地位
状态。

---

1 参见德斯蒙德·莫里斯：《男人女人行为观察》（*Manwatching: A Field Guide to Human Behavior*），H. N. Abrams 出版社，1977 年。

10 黏土头骨制作

你有没有想过做一名真正的雕塑家？我的意思是，在现实中做出真的像某人的雕像。这并不比在杜莎夫人蜡像馆（Madame Tussauds）工作更有挑战。

世界一流的雕塑家迈克·韦德（Mike Wade）曾在该馆学习手艺，后来成为制作蜡像的自由职业者。他为全世界多处重要蜡像收藏机构制作了三位名人的复制品，包括戴安娜王妃（Princess Diana）、乔治·克鲁尼（George Clooney）、纳尔逊·曼德拉（Nelson Mandela）。特别吸引我的一点是，他没有进过艺术学校，而是更喜欢在杜莎夫人蜡像馆里边工作边学习。这是一种老式的学习方法，观察年长专家的工作，然后试着模仿。迈克很快获得了蜡像制作的微精通，他认为，对于头部雕塑来说，用黏土或普莱斯蒂辛橡皮泥（Plasticine）制作头骨模型是最好的。

1. 脑袋是个复杂物件，有耳朵、鼻子、下巴，所有这些部分都向外突出。还有眼睛的睁开、闭合两种状态需要体现。更不用说头部和颈部的形态。这些真的能让人晕头转向，所以才要从头骨雕塑开始。

   头骨作为基座藏于皮肤之下，支撑着面部和脸型。头骨上鼻子、眼睛、耳朵对应的位置都是空洞，所以你能将注意力集中于头部和下颌的形状上。让自己局限于对头骨的关注，会更容易以艺术家的方式来真正了解头部的特征。

2. 要把头骨做得栩栩如生是个陷阱，很多人会掉进去，其实只要把它做得像就行。这里的协同障碍就存在于这二者之间，要使其达到平衡。

第一步，要把头骨做得看上去不错。可以当作是玩耍，做成个恐怖样子，半腐烂的丑八怪，或是缩小版。习惯于做头骨本身就能建立起学习意识，逐渐明白制作过程中哪些事情比较重要。

3. 如果做好的头骨需要保存，那要使用快干、非烧制用黏土，比如意大利DAS牌立体雕塑矿物黏土。若只是玩一玩，可以用普莱斯蒂辛橡皮泥，比如雕塑家使用的灰色或棕色的那种。你也可以用普通的模型用黏土，可以在艺术品商店买到，很便宜，每桶5公斤。头骨做好后可以挖空内部，助其风干。

4. 万圣节时，把头骨做成灯笼很有趣，可以逗孩子们开心，但是如果太逼真了，可能会带来一场噩梦。

5. 要在大脑中建立对头骨的联想机制。随身带上橡皮泥，这样可以随时为见到的人制作头骨模型。要习惯于想象他人的头骨模样，这是个提高雕塑水平的好方法。就像其他现实主义艺术形式一样，要更努力地观察事物，更清晰、更透彻地看到其本质，而非只是拥有一些特殊的艺术技巧。

6. 尝试制作不同动物的头骨模型并保存。我在苏格兰乡间散步时，发现了一头公羊，于是给它做了一个头骨模型。过不了多久，你一定能从透过真实人脸制作头骨模型这个项目上毕业。从不同姿态到各种维度，熟悉头部的基础支撑后，再去画画，那么从一开始就会达到很好的效果。

11 烘焙绝佳的手工面包

要进入神秘的烘焙世界，很少有比做面包更好的方法了——品质卓越的面包能达到手工烘焙的最高标准。令人欣慰的是，做面包只需要关注不多的几个变量，却有好几个入门技巧能提高面包质量，使得做面包比起其他烘焙项目来更容易真正上手。

做面包异常简单，不过做得匆忙的话，也很容易搞砸。超市的各种面包都做得很快，这有赖于大量额外的化学物质。如果能小心把握时间和温度，不用任何添加剂也能做得非常好。市面上有很多不错的面包制作建议，但有时会导致困惑，本项微精通就旨在解除这些困惑。

1. **时间是第一个入门技巧。**第一次认真做面包时，要预留一天的时间。不是说这期间不能做别的事，当然可以，因为做面包的过程中，大多数时间都是在等着面包发起来，但是你需要待在面包附近，最重要的是，不要赶时间。可以在厨房桌子上放一本自己喜欢的书，在面包开始自己"努力"的时候拿起来阅读。

第二个技巧是保湿。没人喜欢湿乎乎的面团粘得到处都是，所以会想在揉面板和手上撒干面粉来搞定这个麻烦。但是添加过多面粉是面包太硬、夹生的最大原因。因此，可以在揉面板、碗甚至手上涂少量油（橄榄油为佳）来减轻粘着问题，不过要控制好比例，可以用天平来精确称量，就算面团看上去太湿，也要忍住，不要一直添加面粉。

第三个重要的入门技巧是使用加拿大超级高筋有机面粉。可以直接使用，或按1∶1的比例将其与普通高筋面包粉混合，这样做出的面包口味会很出众，从一开始就处于比较高的水准。此外，还需要水和少许橄榄油。纯粹主义者可以不用油，但是它有助于面包形成美观的外形。要确保添加温水。酵母可以是干的标准速溶酵母，以后可以再用湿酵母或酸面团做实验。

混合面粉、水、酵母时还需要加盐，要在酵母完全混入面粉后再加，而且要确保盐均匀撒开，每一处都不能过多，否则会杀死酵母菌。然后就需要揉面团了，击打、拉伸，至少 10 分钟。感觉揉了很长时间后，切下一块面团，拉伸观察透明度。这个阶段的面团要像咀嚼中的口香糖一样，有足够的可塑性，能够拉薄、拉细。

2. 面包制作中的协同障碍是如何平衡时间和温度。在某种程度上，它们互相关联。如果空气温度过低，可以把面团搁置时间延长些，让它发酵起来。温度更高时，酵母味道更浓（让人困惑的是，低温、长时间发起的面团会带有其他味道，在这方面可以多做一些实验）。温度高于 40℃时，酵母菌会死亡，所以最佳发面、保持风味的温度在 30℃左右。

最好的办法是先将烤箱温度设置在 50℃，放入面团后关掉烤箱。面团和容器会吸收相当多的热量，使烤箱内的温度降至平均 30℃左右，很好，可以让面发酵起来了。面发起来后，用两根手指戳进面团再拔出，面不会弹回来，或者很慢很慢才会弹回来。发面需要时间，记住，每次打开烤箱门，热量都会被放出来，这样进程就会放慢。

面一旦发起来后，要再揉 10 分钟。然后进一步发酵，这回，再次把烤盘放入关掉的但保持温热的烤箱。让面发酵到原来的 150% ~ 200% 那么大。可以发 1 个小时（虽然可能不需要这么长时间），用手指再做测试。现在，将烤箱温度调到 220℃。如果在烤箱底部放一托盘水，那么面包的外形会更完美。

3. 前面提到过超级高筋面粉，不过使用自己信任且喜爱的面粉是制作过程中的关键部分。上网查找能直接购买各种面粉的加工企业。有机面粉最佳，能让你摆脱"我正在吃化学物质"的不良感觉，这种感觉甚至会把最无辜的饮食乐趣破坏掉。揉面的案板要质量上乘、足够大。天平要精准、易用。这些用于辅助校准，如果保持其数量不变，你就能发现哪些变量比较重要。

4. 做出美味面包能得到及时回报，而且让人深感欣慰。比起超市产品，人人都更喜欢自己做的面包，出炉后晾凉，切成片冷冻起来，每天早上拿出来做烤面包吃。

5. 养成每周做一次面包的习惯，让家里储备充足。如前所述，每次制作时保持各原料比例完全相同，但是调整时间和温度，观察有什么不一样的效果。

6. 其后，可以开始做各种实验，比如，改变超级高筋面粉的使用量；调整发酵时间，一些手工面包发酵时需要在冰箱里放 24 个小时；尝试用酸面团、不同的酵母、不同的面粉，添加橄榄、葡萄干及其他自己喜欢的配料。

12 空中舞剑嗡嗡作响

这是一项欢快、自由但不引人注目的技能：快速向下挥舞剑，使其发出"嗡嗡"的振荡声，这动作大概是为了砍掉某人的胳膊、头，或腿吧。

有很多种武术会在练习时用到金属或木质的剑，比如剑术学习时使用的"木剑"。正确的嗡嗡声意味着握持动作正确，这可以关联到任何关系不太密切但类似的物体上，从斧子到高尔夫球杆，掌握物体间的共性很重要。当亲戚小孩递给你一把玩具剑，甚或是假装当作剑的棍子时，你能挥舞使其发出警报器一样的嗡嗡声，那该多令人满足啊。《星球大战》（*Star Wars*）中天行者卢克（Luke Skywalker）的光剑的蜂鸣声只是一种相形见绌的模拟音效而已。

1. 入门技巧是轻握剑柄。剑往往使人兴奋，因而人们会紧紧抓住剑柄。17 世纪著名的日本剑客宫本武藏总是小心翼翼地接近对手，用自己的剑尖触碰对方的剑尖，如果感觉对方握剑很牢，他会选择战斗，如果对方很放松，那就迅速逃离。

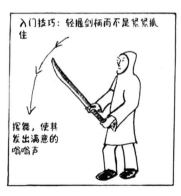

   想象手里握着脆弱的、会逃脱控制的活物。下沉、放松肩膀，想着加速推进剑柄的球状末端（这地方有时会加重），向自己的方向往下

挥剑，让剑以自身重量运动起来，这样你就可以利用这种动力和杠杆作用，使剑快速下降，劈削空气，发出嗖嗖声。

2. 挥剑的协同障碍在于既要用力又要放松，所以它是合气道等武术中很多动作套路的基础。通过无数次速度快到不见剑影的挥舞练习，可以形成恰当的条件反射，使肌肉能够突然发力施压于他人身体，将其抛掷出去。克服障碍的方法是开始练习时尽可能保持紧张，可以把这时的紧张度标识为 10，然后慢慢降到 9、8……最后，你能找到最佳平衡点，既能让肩膀放松，又能蕴含准备爆发的力量。

3. 在网上或武术商店买一把木剑。这些剑实际上是贫困的武士用的，并非真正的剑，不过也有很多人用木剑打败过用真剑的人。木剑很适合练习，练过一阵后，你就能轻而易举地挥出嗖嗖声。

4. 挥剑劈空可以强健背阔肌，也会有冥想的效果。立于晨曦之中，一次次地挥剑而下，心绪交织于宁静和更加专注之间。一剑在手，会产生极强的激励作用，使你全身心进入凝神专注的状态。

5. 无疑，你可以继续学习剑术，日本有很多传统剑术流派。也可以尝试挥舞别的东西发出嗖嗖声，比如棒球棒。

13 编织荨麻绳

在荒野之中，甚或在自家后花园之中，你迫切需要一根绳子，可能是一时兴起想做根钓鱼线或张力强的绳索吧。利用自然材料制作绳子是原始生活的基本手艺。一旦学会这项微精通，它就变得实用而有趣了，也能提供一种开展更多野外生存技能测试的平和方式。

1. 入门技巧可以用普通丝线练习。一旦学会了，很容易就能把技术转移到

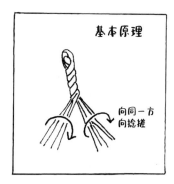

自然材料上。编织绳索的基本原理是，向同一方向捻搓两股丝线，然后把捻好但分开的两股细绳拧在一起。

可以从一股丝线对折开始，紧紧抓住"眼睛"（对折后弯曲而成的绳头），简单、紧致地捻搓手指间的两股散开末端。试着增加松紧度。然

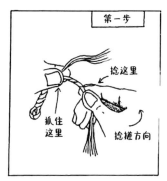

后，不要放开"眼睛"，把分开的两股拧在一起，像魔法一样，你施加到紧致绳索上的张力自己释放出来，让两股细绳缠绕到一起。

2. 协同障碍在于一只手握住丝线，同时在手指间（或大腿上）捻搓它们，就像卷雪茄一样，卷动时需要稳定的压力，以保证丝线得到足够的扭转力，放开后，释放出的张力就能将丝线重构成绳子。克服障碍的方法之一是，依次捻好每股丝线并捏住，这样就不会散开，然后用手将它们拧在一起。

3. 现在到了使用自然材料的时候了，试试荨麻或树皮内的纤维，甚至是草。荨麻很好，因为资源丰富，而且编出的绳子很强韧，也很容易做成足够长的钓鱼线。

   方法是，戴上手套，把荨麻杆上的叶子都去掉，压扁，然后剥下木质内芯外面的纤维，这些外层纤维晒干后即可用于绳索制作。捻搓前把手指弄湿，因为纤维要足够潮湿才容易抓握。一根荨麻杆大概能剥出四条纤维。像前面描述的那样，抓住"眼睛"，开始捻搓。如果需要添加新纤维条，只要把它叠进编织中的纤维条，然后和另一条一起捻搓即可。不要将两条纤维头尾重叠编织，使得每段绳子长度均等，这样做出的绳索会很脆弱。

4. 像使用手摇钻一样，制作绳索是重要的生存技能，它既有用，又能激发各年龄段人们的兴趣。我发现教孩子们编绳子是一件很棒的事情，因为他们经常尝试用草和秸秆来这么做，由此发挥创造力，并取得成效。

5. 雷·米尔斯在他的野外生存技能课上向学员挑战，要制作一根 30 英尺长的荨麻绳。这么长，足以作为真正的挑战了，编出的绳索也很实用。其价值在于你一定能学到最好的方法，那就是，始终保持绳子粗细均匀，并且要拧得足够紧密。

6. 几乎任何东西都可以编成绳索。我曾在印度尼西亚看到一位老人，他从茅草屋顶抽出几根草，然后开始在大腿上捻搓做绳子。只用了几分钟，他就有了一根漂亮、匀称，又结实的绳子。你可以用草，或松树、柳树的内层树皮做实验，也可以使用想制作成粗绳的纤维或丝线。

14 独唱，即便是音盲

同公众演讲一样，对于一个没有音乐天赋的人来说，独唱也是件非常恐怖的事情。你不得不常常靠喝点酒来壮胆，不过这只会干扰自己的有效发挥。我真的没有歌唱天赋，所以参加了一门叫"音盲歌唱"的课程。老师不仅最终送我们去全国性的电视节目中合唱——他让我们在第一节课结束时就独唱。

1. 我们的老师成功的基础是，先让所有人发出动物的声音。当然，你可以制造各种响声，但是动物的声音有很多种可以模仿，比如猩猩、奶牛、绵羊、鲸鱼。习惯于模仿动物的声音后，能量之门打开了。这就是关键的入门技巧。

   水平不好的歌手跑调时会怎么做？他们会失去活力和能量，结果跑调更厉害。要学会反其道而行之，感觉自己跑调的时候，提升腹部的力量。腹部是歌唱运气的中枢。水平差的歌手习惯用胸腔和喉咙发声。虽然天才歌手能够转换不同的发音部位，但开始时必须将腹部作为歌唱的力量源泉。收紧腹部肌肉，能有更多更强的气流支持你。试着只用嘴发出奶牛的声音，然后加上腹部力量，你能看到二者巨大的差异。现在，在你唱歌时，增加这种力量。

2. 歌唱遇到的障碍主要是心理上的。没有人愿意被看作傻瓜，所以很多人不愿当众唱歌。练得少会失去信心，也不敢用力唱，以至走调更加严重。

   很少有人是真正的音盲（音盲是一种很严重的障碍，通常很明显，因为说话声音也会受影响），所以要想唱得更好，只要多加练习，明白

越用力越容易就行。你甚至可以无声地练习歌唱，只要用腹肌控制住力
量就行。

3. 唱卡拉 OK 是个练习的好方式，因为有伴奏。别唱《忧愁河上的金桥》
（*Bridge over Troubled Water*），我在东京第一次去卡拉 OK 时就选了这首
歌，结果居然没有伴奏，让我的声音无处躲藏。你可以选些自己真正喜
欢的经典歌曲反复吟唱。流行金曲和舞台剧音乐总是挺好的。

4. 你再也不会在生日派对和圣诞颂歌活动上感到尴尬了。

5. 你可能会考虑和其他不够格的歌手一起组成"音盲合唱团"，或者可能学
习民谣。老辈的民谣歌手会使用颤音，这是个好方法，能在某些点上把
握好音准。要不断提醒自己，鲍勃·迪伦不会唱歌，但这从未让他停止
歌唱。找一首他的歌来聆听，并试着模仿。

6. 做个优秀歌手确实挺好，但是你唱得一般也可以很快乐。即兴演唱是一
种有趣的形式，你可以和大家一起快速填词作曲。这听上去很难，其实
不然。唱得越多，越能发现音乐世界的迷人魅力。

15 仰卧推举

仰卧推举是最具代表性的健身或力量训练测试项目，居于三大项目之首，其他两项是深蹲和硬拉。在所有的监狱题材电影里，都能见到卧推，稍有差池或力量不足，杠铃就会砸落到人的脸部、胸部。其实，就算没人在旁保护（指有人在旁观察并适时帮助抬举杠铃），也有完全安全的卧推方式。

要做卧推，首先要躺在带支架的长凳上，脑袋后部的架子上放有杠铃，脚与长凳下的地面接触。双手从架子上拿下杠铃，放低到胸部，然后用强大的爆发力向上推举，直到手臂伸直，肘关节锁定。你可以重复几次推举动作，然后把杠铃归位到支架上。

1. 即使有保护人，你也会担心杠铃掉下来砸到自己。保护人可能不会时时刻刻集中精力，也可能失误、手滑，或者在紧急情况下因为不够敏捷、力量不足而不能给予真正的帮助。但是恐惧会让你永远无法掌握卧推。

   入门技巧非常简单：用有侧面支撑的卧推支架来消除一切恐惧。这

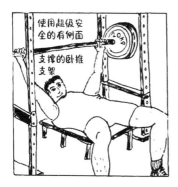

种设备很坚固，有四个支柱支撑侧面支架，杠铃举不动掉下来时会摔在侧面支架上，避免砸伤人。对于卧推来说，这是最安全的设备，甚至比那种用密封导轨支撑杠铃重量的机器还要可靠。

2. 很幸运，卧推的协同障碍很小。如果最开始杠铃重量不大，那么很容易成功举起，唯一的障碍是，卧推技能既需要协调也需要力量。它不是简单的垂直推举，不是杠铃不经意地上上下下（参见图片）。一开始举就要保持协调，视卧推为牵扯了从脚到手的所有人体零部件的全身运动。收缩肩胛骨，使各部位紧密相连，在长凳上自然拱起背部，这样，背部与长凳的角度就能使双手很容易呈水平状态。不要拱背过度，只要感觉全身作为一个整体在发力就足够了。掌握这点可以获得实质性的进步。

3. 合适的工具能辅助推举，因为其有助于协调性。比如，较细的杠铃杆握在手里会感觉非常安全，尺寸相宜的长凳及高度契合的支架都会使你受益。

4. 卧推的成功回报很简单：你能推举更重的杠铃。

5. 同样，本质上仰卧推举是可复验的。你可以坚持练习，看到自己变得越来越强健。

6. 实验支架的高度，由保护人帮忙一起提着杠铃降到胸部上方，这样就不会有全部重量下压的惊人感受。还可以用比较轻甚至没什么重量的杠铃杆练习快速爆发推举，训练速度也是技能的组成部分之一。

16 学唱《马赛曲》

开始学习一门外语的最好办法，是唱歌记歌词。配上曲调的词语更容易留在记忆中。法国国歌《马赛曲》(*La Marseillaise*)创作于法国大革命战争时期的 1792 年，作者是克洛德·约瑟夫·鲁日·德·李尔（Claude Joseph Rouget de Lisle）。该曲在拿破仑（Napoleon）执政后遭禁，但在 1879 年因大众的呼声而解禁，此后一直为法国国歌。

唱马赛曲的入门技巧是看电影《卡萨布兰卡》(*Casablanca*)。找来片子直接看，或者在网上找电影中出现马赛曲的视频片段看就行。片中的演绎伴随着恰如其分的激情和纯正的发音，可供你模仿。反复倒回来听并跟唱，直到铭记在心。

《马赛曲》

法语	汉语
Allons enfants de la patrie,	前进，祖国儿女，
Le jour de gloire est arrivé.	光荣时刻降临。
Contre nous, de la tyrannie,	我们惨遭暴君统治
L'étandard sanglant est levé,	举起血染的旗帜，
L'étandard sanglant est levé,	举起血染的旗帜，
Entendez-vous, dans les campagnes	听到没有，在我们的国土上

Mugir ces féroces soldats?　　　　　野蛮士兵的吼叫?

Ils viennent jusque dans nos bras　　他们闯到我们眼前

Egorger nos fils, nos compagnes.　　杀死我们的孩子、我们的同胞。

REFRAIN　　　　　　　　　　　　　（副歌）

Aux armes citoyens!　　　　　　　　武装起来，国民们!

Formez vos bataillons,　　　　　　　组建队伍，

Marchons, marchons!　　　　　　　前进，前进!

Qu'un sang impur　　　　　　　　　他们肮脏的血液

Abreuve nos sillons.　　　　　　　　将流遍我们的田野。

Amour sacré de la patrie,　　　　　　对祖国的神圣之爱，

Conduis, soutiens nos bras vengeurs.　将指引、撑起我们复仇的雄心。

Liberté, liberté chérie,　　　　　　　自由，挚爱的自由，

Combats avec tes défenseurs;　　　　与保卫者并肩战斗;

Combats avec tes défenseurs;　　　　与保卫者并肩战斗;

Sous nos drapeaux, que la victoire　　旗帜飘扬，胜利到来

Accoure à tes mâles accents;　　　　将鼓舞你如山的气概。

Que tes ennemis expirants　　　　　那些垂死的敌人

Voient ton triomphe et notre gloire!　应该看到你的胜利和光荣!

REFRAIN　　　　　　　　　　　　　（副歌）

17 盘带 + 假动作过人

盘带技术尽在手中，确切地讲是"尽在脚中"，就像是一种魔法。你在网上能看到，出神入化的盘带大师还要数罗纳尔迪尼奥（Ronaldinho），他让球看上去像是粘在自己的脚上。

动作很简单，就是精准地突然改变足球行进方向。攻方球员用外脚背轻触足球，使其向一个方向移动，然后快速反向触球，改变足球路线到另一个方向。整个效果有赖于误导对方与娴熟控球技术的结合。首次触球时，目光向外，肩膀、上半身都要朝着足球的运动方向，然后用脚改变球的方向，随即上半身跟上。实际上，你要做一个向外侧移动的夸张动作，诱使对方后卫随之移动，误导成功后切换方向，转向内侧。

1. 提高盘带技术的关键在于练习。一片光滑的混凝土场地，温暖的天气，一堵可以挡回踢飞的足球的墙，有了这些优越条件就可以开始训练了。虽然你希望以后在草地上展示，但是就像所有精妙的脚下功夫一样，在光滑的硬地上学习更容易。要想习惯于轻触足球而不使其逃离双脚的感觉，人的速度就需要和足球同步，这意味着，一开始练习时需要移动缓慢。

   开始时用外脚背（小脚趾的位置）轻敲（实际上是推）足球下部，有点像把球挑起来，几乎是用外脚背和脚面一起触球。要让球看上去会移动很远，但是不能脱离控制，因为那样就没办法将脚转向另一侧了，然后用内脚背（大脚趾一侧）控球到另一个方向。你可以光脚练习，感受足球在脚下的移动，看自己能否掌控。

2. 技术上的协同障碍是：球向假方向移动越远，将其快速控回的难度越大。肩膀和视线的移动，尤其投向假方向的目光一定要令人信服。与此同时，脚正做着相反的事情，触动足球转换到另一个方向。你要能在不看球的情况下移动它，所以可以闭上眼睛练几次，然后练习将视线从足球上避开。身体倾斜程度很重要，向假方向倾斜越多，看上去越像真的。可以在镜子前练习，如果你愿意，做动作时可以用心体会其中的感觉。

3. 先光着脚，然后穿足球鞋在人工草坪上练习。笨重的鞋子会增加技术学习难度。专业的街头足球鞋也很有帮助。球越大越容易控制，一开始可以用质量上乘的标准 5 号足球。交替使用不同类型的足球也能提高水平，把握在移动过程中如何使脚始终保持对球的触控。

4. 为了在处女表演秀前测试自己的盘带技术，你可以用锥状物或塑料瓶作为对方后卫来训练。在地上用粉笔标记改变方向的位置。多次练习，可以把位置标得一次比一次远，同时要记住，盘带技术的核心在于倾斜上身及非常重要的目视误导对方方向（一旦你掌握了恰当的侧身跑动技术，做到这点就很容易了）。

5. 为避免厌倦，可以沿着海滩或公园小路进行"盘带式行走"。尽量走远一些，走的时候做盘带动作，然后返回。

6. 换越来越小的球做实验。用网球做盘带动作可谓壮举。站在晃动的板上，那种在健身房用于锻炼身体核心平衡和力量的板，试着上半身倾斜向一个方向，而脚向着相反方向。然后在地面上做同样的练习。看自己能做到什么程度，用数值来衡量（例如，一点点为 1，很多为 10）。上了球场后，看自己能不能做到练习时的这种倾斜程度。

18 堆一个超大木柴垛

　　有木柴火炉和需要生明火的人都需要堆木柴垛。挪威这样的国家有劈柴和堆垛的悠久传统，不过南部地区会更随意一些。事实上，在这个压力和精神冲突遍存的年代，很难找到比劈开原木后整齐堆垛更让人舒心的事情了。但是你又要陷入另外的思考：原木真的干了吗？方法对吗？能不能堆得更好？

　　你知道，有上百种不同的原木储存方法，还有很多应该如何实施的见解。比如，劈开的原木存放时树皮面要朝上还是朝下。这将所有经验丰富的柴垛堆叠者和拉尔斯·米汀（Lars Mytting）区分开来了，他是《挪威森林》（*Norwegian Wood*）一书的作者，该书专门讲述了斯堪的纳维亚风格的原木砍伐、堆垛、干燥等方法。拉尔斯认为，实际上这没什么区别，即使在堆垛顶部覆盖积雪这样的罕见情况下（这种情况要尽量避免）。

　　类似的流行争论还包括，该不该把原木盖起来，要不要靠着墙堆垛，应该在湿的还是干的时候劈开木柴等。唯一公认的是，木柴堆垛本身很容易让人上瘾。为此，需要购买各种精心设计的斧子、锤子、裂开木头用的楔子，还需要在森林里搜寻可以燃烧的独特物体。

1. 入门技巧非常简单，而且让人开心，先找一个木材水分测试仪。最好用的测试仪顶端有两根针，可以插入木材中部或底部。新近砍伐的湿木水分能超过 50%，但是你希望水分能降到 20% 左右。前者的热值只有后者的一半。测试仪可以精确测定木材含水量（好的测试仪品牌有 Ligno、

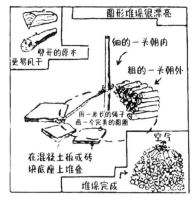

Dr Meter、Stihl，都不是很贵），更令人兴奋的是，可以实验所有不同的堆垛，并找出效果最佳的。

2. 伐一些优质的山毛榉木、橡木、桦木或荆棘，这些都是优良的燃材。松木和云杉产生的热量少，而且其湿木很难劈开。橡木和山毛榉木的细胞比较小，所以需要更长的干燥期，直径8 英寸、周长 4 英尺的原木往往需要经历两夏一冬才能达到干燥要求。桦木和松木的细胞更大，只需要一春一夏。

把原木劈开或锯成更小的尺寸可以加速干燥进程。将原木一分为四，可能会促使湿度在一季后就降到 20%。别人会告诉你需要 2 年时间，不过你可以拿出你的水分测试仪，告诉他们扎在松树原木的哪里来测水分。实际上，木头过度干燥会失去有价值的脂类，这种物质实际上有助于燃烧和提高木材热值。记住，你是拿它们来烧的，不是用来制作斯特拉迪瓦里小提琴（Stradivarius violin）。

3. 木柴堆垛的关键在于空气，而不是保持密度。空气流通越顺畅，木头内部每个细胞的水分蒸发得越快。这是你希望丢掉的东西，不同于从天而降滴到堆垛上的雨水。因为除非排水系统很糟糕，或是处于荫蔽、气闷的存储环境，否则雨水无法穿透木材细胞。所以，关键是堆垛要离开地面，堆在混凝土板做成的基座上，并且有足够的空隙保证空气流通。

要想立马打造出超级堆垛的样子，可以选择"沙克尔风格"（shaker-style）[1] 的圆形木材堆垛。这种堆垛看着精致，效果很好，搭建

---

1 一种强调简洁、实用、有秩序的设计风格。——译者注

起来也很容易。在混凝土板（板不需要很厚，只要能保证底层原木脱离潮湿地面就行）上面放置一圈原木，像轮辐那样，细的一端朝向圆圈中间。圆圈中心留出空当，供空气流通，不过有些人会不留空，以便堆放更多木柴。逐步往上堆叠木柴圆圈，要避免"顺串"，即木柴挨着排成一列后形成的纵向缺口，这在之后使用柴垛时会导致坍塌。堆垛顶部保持原木裸露或者盖上木板，但是中心部位要空开，以增强空气流动。

4. 劈木头最好用斧子头结实的适当的斧子。用楔子和大锤也能达到理想效果。自己劈木柴并堆垛，能极大地增加木工知识。人们羡慕做好的木柴堆垛，并且对你品头论足，随他们好了。你可以提供他们木头测试，用自己的测量仪，成为堆垛专家。

5. 每年你都得堆木头，所以有足够多的机会提高技艺。打造不同种类的堆垛以增加游戏性。用这些木头堆垛做实验，使用测试仪来判断哪个最好。不论是否有覆盖物，很大程度上，堆垛状态取决于降雨和季风。你可能会发现，不同的居住地几乎对堆垛状态造不成什么区别。

19 咖啡 + 盐 = 显影剂

老式相机比较好玩，但是冲印胶卷很贵。买合适的化学品价格不高，可是用着有点复杂。其实，二者都不需要，速溶咖啡就能洗出非常像样的照片。甚至不需要雀巢金牌咖啡，超市水准的咖啡就能正常起作用。不过还需要些清洗用苏打水和厨房用盐来修正结果。添加维生素 C 可以加速进程，但不是必不可少。你可以使用旧的过期胶卷，黑白或彩色的都行，无论哪种都能洗出很酷的棕黑色风格。

不需要任何特殊装备，连冲印水槽也不用，唯一的需求是一团漆黑，所以等到夜晚降临或找一个地窖来做实验吧。

很多只使用数码相机的人热衷于了解胶片及冲印过程。使用咖啡醇来学习胶片的真正工作原理是个好方法，它是速溶咖啡和苏打水混合物中的有效成分。这种方法能与胶片的早期历史相关联，那时候人们冲印照片用的就是一些普通物质，比如盐，甚至是鸡蛋。你可以把胶片剪成各种大小来做实验，用不同品牌的咖啡，或者设定不一样的冲印时间。雅虎的图片分享网站 Flickr 上有大量用咖啡醇冲印的照片，你可以从中获得启发和灵感。

1. 找一卷旧的或新的胶卷，装进相机检验是否完好。35 毫米的最容易找，120 胶卷也能找到，而且因为短比较容易操作。需要开瓶器来撬开胶卷盒，这必须在完全黑暗的环境下做。然后把胶卷拉出来放进小桶或大壶里。如果是 120 胶卷，底片比较大，一卷能冲 12 张而不是 36 张。在扔进桶里之前，展开胶卷，撕掉衬纸。

2. 加 3 茶勺清洗用苏打（Arm and Hammer 是个标准品牌）到约 20℃的 125 毫升自来水中，6 茶勺速溶咖啡到另外的 125 毫升自来水中。然后将两种溶液混合后再加 100 毫升水。根据桶的大小按比例调整，使溶液没过胶卷。这是基本的显影液，能够显出图像，但是如果开灯，图像会立刻消退。（我们很快就能解决这个问题。）

戴上薄橡胶手套，把胶卷放入显影液，用筷子或类似的东西一直搅拌。这是为了防止胶片自己粘连，那就没法冲印了。不过，真的粘在一起的话，会出现很酷的图案。要牢记，清洗用苏打会危害身体，不能喝。

3. 持续搅拌 25 分钟。如果想让它起效快一点，可以加一些维生素 C。

4. 把显影液倒出来，用清水冲洗胶卷三遍。如果想要出现一些奇怪的黑点，可以用醋和水的混合溶液来冲洗。

5. 现在，在 1 升水中加入 350 克盐，然后加热至 35℃。这是定影液，能使图像在灯光下也保持可见。可能会需要搅拌机来加速盐的溶解。如果有少量残渣，不用管它们。不过，溶液必须处于过饱和状态才有效，换句话说，一定要加热并搅动，直到几乎所有的盐都溶解才行。

6. 把盐水定影液倒在胶卷上，要没过胶卷，保持几个小时。保险起见，温度在 20℃ 左右时需要 24 小时。35℃时，3 小时即可定影。

在水龙头下冲洗胶卷 5 分钟，然后挂起来晾干，好不神奇！你可以很方便地扫描底片，打印出来或发布到网上。有很多方法可以把底片转为照片，Photoshop Elements 软件（Photoshop 的低配廉价版）就是很容易下载的方法之一。

20 高速逃离，"J"形转弯

这种场景你已经在电影里看了一百次了吧，或者如果你年纪足够大，在 20 世纪 70 年代的电视剧里也有，比如《洛克福德档案》(*The Rockford Files*)。坏人们通常是从他们的黑色凯迪拉克或奔驰的车窗中伸出头开火。好人们高速倒车，眼疾手快，来一个 180 度的掉头，转向正确的行驶方向。后挡风玻璃被子弹打成上千块碎片，他们咆哮着，车内乘客无一人被击中。这就是所谓的"'J'形转弯"，不像略微棘手的手刹转弯，其实很容易学。

1. 入门技巧全在于车了。对于配置防抱死制动系统（ABS brakes）的手动挡轿车，需要"双脚离合"，也就是说，踩下离合器，使车处于空挡，然后松开离合器，转向后再次踩下离合器挂一挡，在非常短的时间内做这些有点复杂。没有 ABS 的手动挡车也需要换挡。如果是普通自动挡轿车（前轮或后轮驱动，有或无 ABS），那你只需要稍加练习，就能做出精妙极了的"J"形转弯。

2. 合适的车需要合适的场地来练习。地面松软的停车场可以考虑，但是仍然会损害轮胎。潮湿、油性的柏油路是个好选择，不过可能最好的还是湿润、平整的原野。

3. 这个动作始于高速倒车。将车加速至 20 ~ 25 英里 / 小时，这意味着引擎会发出尖叫声。双手握住方向盘，一高一低（或者如果有信心，如图所示，用单手握）。在转弯的一刻，突然松开油门，但不要碰刹车。这

如果是右侧驾驶车辆，对应调换上图内容即可

使得车的重量向前甩，越过前轮。然后轻打方向盘一圈，低位手往上推，高位手往下拉。车前部飞转。在转到相反方向时，迅速回正方向盘，把车稳在正确的方向上。然后挂入 D 挡，向前轰鸣而去。

整个技巧都在于动作做得及时，这样就能向前驶去，而不会转得超过 180 度。如果动作太慢，则会转不够 180 度。你需要练习，在脚机敏地松开油门时，体会车的重量向前滑移的感觉。高度较低的车更容易做这种重量转移，运动型多功能车（SUV）会稍稍晃动，甚至滚动。

4. 在战术驾驶培训学校里，"J"形转弯是一种逃脱和闪避方法，教给那些想成为安保人员的人，不过对于普通驾驶者来说，可以培养重量如何影

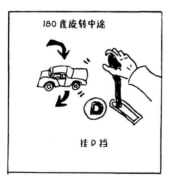

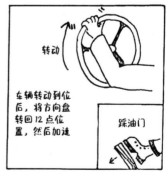

响转向的感觉。一旦学会了它，你就能很好地体会到，在车辆离开路面前，能把它推多远。如果是在草地上训练，还能了解很多车辆开始或停止打滑的方式。

21 做色香味俱全的正宗寿司

寿司只不过是在一块米饭上加片鱼肉，应该挺简单，其实不然。如果你能做出真正的寿司，那大家都会想品尝一下，因为即使是餐馆出品，也不能保证品质上佳。

1. 入门技巧是：你可能以为上面那片鱼肉最重要，但其实关键在米饭。在日本，优秀的寿司厨师会认为，好寿司 30% 在于配料，而 70% 在于米饭，考虑到西方人的种植目标，米饭的好坏要占到 85%，配料只有15%。一旦把米饭做好了，其他事情就非常容易了。

2. 做寿司很容易，有寿司级别的鱼和一把快刀即可。但是要回到米饭上。买你能找到的最好的日本大米，这通常也意味着是最贵的。米粒要短，且出自日本本土的制造商。粳米被认为做寿司最好，其中最佳的品种是越光米（koshihikari），只有日本、澳大利亚、美国出产。需要用当季新米或当年出产的稻米。没有什么比这更好了，因为放置不到 1 年的大米，兑水比例是 1：1，陈米则比较干燥，需要加更多的水，这样很难煮得好。

选对米就有了良好的开端。米在煮前需要用冷水清洗十遍，以去除裹在米粒外面的粉浆。如果不彻底洗干净，煮出的饭会太粘。米粒确实需要能黏合在一起成为整体，但仍然要保持一定的干燥度（当然不能很干燥）。

用电饭锅或普通锅来煮米饭，不过前者更佳。煮熟后立即加盐、糖、米醋、米酒混合搅匀，使米饭具有独特风味。加调料要按比例，开始时，四杯米饭配一杯未经调制的米醋、一茶勺盐、半杯糖、四分之一杯米酒。日本马卡（Marukan）未调制米醋是个好牌子（调制过的米醋已加了盐和糖）。含糖的米酒叫"味酥"（Mirin），可以替代在最后加的糖。

3. 米饭用前要冷却，在混入日本米醋调料时借助风扇和筛子让它凉下来。冷却使米粒带有轻微光泽，辅助造就优良的寿司米饭。米饭降到室温左右时，就可以用了。通常，放置时间越长，越容易塑形，半天时间比较合适，太长了米粒会失去光泽且变干。不同种类的寿司，米饭形状不同，经典握寿司需约中指宽、小指长的米饭基底，鱼片坐于顶部；而卷寿司的米饭宽度则要和小指一样。秘诀是不要把米饭挤压成型，而要用手掌拍打而成。米饭需要粘在一起，但不要把空气都挤出去。戴上薄的透明手套会更容易做，那样米饭就不会粘在手上了。

4. 改变米酒、米醋的用量，或调整米饭冷却时间和程度，做不同实验。用风扇冷却米饭比用冰箱好，有效且不会让米饭变干燥。寿司的发明比冰箱和冰柜可早多了。

5. 现在，只要简单地给卷寿司加填料或给握寿司盖顶料就行了。向那些能保证质量和生吃要求的鱼贩买鱼。如果能买到刚刚捕获的鲭鱼，就能做出极品寿司。任何情况下，无论是金枪鱼、鲑鱼，还是鲭鱼，都要用最锋利的刀切片。寿司外观边缘精致与否，几乎和它的风味一样重要，对味觉体验也会起到一定的作用。做好一指宽的米饭块，顶上放好鱼片，就能吃啦，可以用酱油和芥末调味，还能帮助消化呢。

22 讲一个迷得住孩子的故事

有一个常被议论的话题，听着还挺吓人，是说通常直到有了孩子后，你才有能力编故事。你可能会发现，不管你觉得自己多有创意，就是做不到这件事。你需要的是无限故事创造力，其实它就潜藏在我们的内心，想要释放这种能量，就得消除一些抑制机制。

1. 入门技巧是：故事来自对事前准备材料的再利用。如果有一个好的平台作为开始，也就是说，有丰富、用途多样的资料，比如魔法装备、巫师、英雄，顽皮的男孩女孩，那就容易编了。

2. 最好的故事总是充满戏剧性，而戏剧性并非指冲突。开始尝试讲故事时，你可能会不经意间被引进这条死胡同。但其实需要考虑的是故事中的从属和主导关系。引发兴趣的不是争斗，而是人们是如何遭遇失败或取得胜利的。所以要思索那些处于支配地位的人——老板、暴君、老师，以及对立面——输家、不良仆人、捣蛋孩子。主仆之间要能互动，就像师生之间一样，比如甘道夫（Gandalf）和比尔博（Bilbo）、哈利·波特和西弗勒斯·斯内普（Severus Snape）。

   我讲得最好的系列故事是关于一对同卵双胞胎的，他们非常非常淘气。我讲了很多个晚上。另一个动人故事讲的是时光旅行机，能带你穿越回有趣的历史时代。还有一个孩子们乐意听的故事讲的是神奇收缩器，这个故事很好地再利用了所有以前准备的材料。

3. 协同障碍很简单，我们都希望解决人类问题，而且很擅长。故事中会有成堆的问题和困难。要有与众不同、虐心的情节发展。讲故事的时候，还要有倒叙，而不只是顺叙。不断带入前面提到的素材。如果觉得没什么东西能讲下去了，再利用先前的材料，直到灵感降临。顺便说一下，思考的正确方式是：不要绞尽脑汁、搜肠刮肚找灵感，等它来找你就好。

4. 成功回报是感恩，以及作为父母的自我价值提升。

5. 每天晚上都可以尝试讲新故事。如果真的很喜爱这项活动，在进入孩子的卧室前，你可能就已经有了一连串的好点子。不过最好是让想法在黑暗中自己浮现出来。我发现故事非常依赖于有着美好前景的基础框架，所以如果基于一个糟糕的平台开始讲述，那要赶快打住，然后构建一个新的平台，注意包含更多的潜在矛盾和戏剧性，这意味着有更多不同地位的人物。如果设定了一个超级英雄和一个小人物，那你就有个故事可以讲了。

23 合气道，锁定对手

　　合气道是古老的、早先很神秘的日本武术，包含各种锁技和投技。它是一种非常有难度的学问，研究如何利用身体各关节将对手牢牢锁住的方法。合气道采用借力使力的思想，当然还有其他一些同等重要的武术原则。这些在"二教"（nikajo 或 nikyo）[1]中都有介绍。二教是最简单的手腕锁，也可以固定肩膀和肘部，使攻击者膝盖跪地，哀叫求饶。

　　在史蒂文·西格尔（Steven Seagal）出演的《暴走潜龙2》（*Under Siege* 2）中，高大强壮的他自己练了一种版本的二教。基本模式是，让攻击者正对面抓住自己的手腕，然后曲起自己的手指缠住对方，使其不能松开。一旦你抓住了对方的手指，就能另一只手用切入方式，把对方手腕翻过来，迫使攻击者倒地。

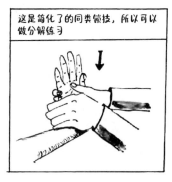

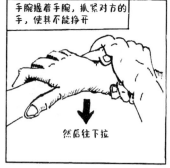

1　合气道术语，指第二种基本技巧。——译者注

1. 入门技巧是把手腕、手肘和肩膀想象成同一平面上的三角形。如果能把这三个部位拉平成一个三角形，就能想象攻击这个三角形，因为这三点的连接锁定了整个身体，使对方别无选择，只能膝盖跪地。力量并不来自手腕，手腕只是传导并控制力量的输送。真正使对手倒地的力量来自膝盖。

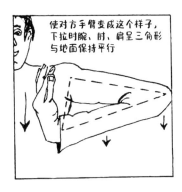

使对方手臂变成这个样子，下拉时腕、肘、肩呈三角形与地面保持平行

2. 与不害怕的人对练，最好对方有着相当强健的手臂。不是说你能伤害别人，除非你真的尝试二教，只是这样的人会更放松，使得学习更加容易。

3. 协同障碍很微妙。你必须试着真正看到肩、肘、腕所连接成的三角形。然后，控制对方手腕，引导形成这个三角形。你会有锁的感觉，试图通过手臂来施加力量。此处需要力量，但更多的是力量的传导。膝盖弯曲时要考虑到下拉的重量，沿手臂下行，以控制对手。膝盖力量被认为比单纯的身体上部力量要强大得多，即使面对的是能压碎手腕的巨人。也要想象把对手吸过来并扳倒，如果对方将要向前失去平衡，那就更容易了。

4. 二教是很棒的共用技能，你可以施加于他人，他人也可施加于你。不仅是为了炫耀，而是要试着让它发挥效用，所以需要伙伴的配合。他们会对抗，但能把握好度——你移动的时候，他们不会试图将你掀翻在地。要记住，这里讲的是锁的固定模式，实战中，可能只用到它的一部分。不过锁有助于建立各种有用的身体意识。

5. 二教需要各种实验。试着和对练伙伴前后移动，尝试保持肘部向内或向外，给手腕和膝盖发力程度做数字标识……所有这些都能让你认识到身体是如何运作的。最重要的是，能让你意识到身体各部位是如何互相关联的。这就是能从合气道中学到的互联性知识。

24 四球杂耍

杂耍是一项非凡的技能，深受天才、博学家、计算机科学家克劳德·香农的喜爱。研究表明，杂耍实际上能在大脑中建立重要的神经连接，所以它真的是很好的身心锻炼方式。很多能够玩三个球的人也能很容易地应对四个球。而且，可以轻松将其分解为两只手各自独立的动作，这样你就可以分别单独练习了。

1. 入门技巧是只要视线脱离了球的轨迹，就将视线保持在眼睛高度以上的某个点上，或者与眼睛平行。所以一开始可以面对一个在这个视线高度的东西练习，比如挂在墙上的画。

   视线锚定中间位置，余光监视球在轨迹线顶部的活动，这是你的主动意识，而不是对接球的基本反应。如果你一直盯着球的抛掷曲线顶端，就能自动调整动作并接住。

   开始时只练习单手上下抛接单球，保持视线固定向前。抛掷时，先做一个很小的圆形"蘸一下"的动作。这个动作可以向内或向外，只要让球抛出弧线即可。也可以沿中线做，这样弧线会远离你，而不是从一边划向另一边。

   现在每只手试着抛接两个球。一个球在空中达到轨迹线最高点时，抛出另一个。等这一个到了最高点时，应该刚好能扔出手中刚接住的那一个。两只手做同样的练习，循环抛接两个球。

2. 协同障碍是要克制冲动，要等一球往手中落下时才能抛出另一球。把注意力从单一过程转移到整体的抛接圆周运动。在目视中间的固定位置时，你会觉得有更多的时间来抛接。刚开始学习这个时，一只手拿三到

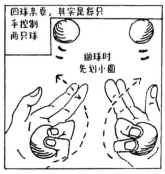

四个球，逐个抛出，要等前一个到达轨迹线顶端再抛下一个。然后另一只手依次接住所有的球。再重新开始。这能锻炼进入下一阶段的意识，用一只手抛接两个球。再下一阶段是另一只手抛接两个球，最后，两只手同时抛接四个球。

3. 一开始用沙包球练习。它们不会反弹，而且易接。挨着一张大桌子或床边练习，这样在球掉下时，不用总是要弯腰拾捡。

4. 杂耍是件很了不起的事情，值得教给别人。大家看你玩的时候会很快厌倦，但是他们自己学习时却可以耐心地练上好几个小时。

5. 随身带上两个沙包球，一有机会就练习，找一个东西将你的视线固定到中间位置。

6. 用丝巾、钝刀、水果（包括香蕉）做实验。通常，较长的物体更容易抛接。

25 三牌戏法

　　一位拥有牛津大学逻辑、数学、哲学一等学位的老朋友，在纽约街头因为这个戏法而损失了100美元。这是大家熟悉的最古老的戏法之一，但是总有人马失前蹄，以为自己比别人聪明。

　　这个戏法只是个很基础的骗局，会有"托儿"参与打赌并且输掉，直到你被迫相信自己是唯一能看到那张真牌（通常是黑桃A）的人。当然，你会赢一次，然后赌注加倍或者退出。

　　三牌戏法也是一种真正的手上功夫。想学魔术的话，会听到很多关于这个戏法的介绍，不过最初学的很多技巧并不真的需要，或者说只是一些基础动作，而不是终极技巧。就像大家熟知的那样，三赌一蒙特牌戏（three-card monte）是完美的魔术类微精通，因为其既包含手上、嘴上功夫，又能带来惊人的效果。

1. 这是个戏法，所以必须要有以"发牌"为中心的入门技巧，一只手握住一摞牌同时发牌。为了容易做到，可纵向拱起或弯曲卡牌，这样，牌发到桌上时，长边接触桌面，中间部位微微隆起。这个弯曲不应该被下注者注意到，但是有助于握牌、发牌。

　　接下来，在一只手上持有两张牌并扔下一张时，要能让任何人看不清到底扔下的是上面的那张还是下面的。展示并扔下上面那张能很自然做到，但是要从底部扔出下面那张时就需要变化握牌的手指，在放开下面那张牌时，握持它的手指移到上面那张牌上。所以，如果用大拇指和两根手指握住两张牌，其中两根手指放在下面那张牌上，移动手指后，仍然有两根手指在"下面那张牌"上（实际上是原来上面那张）。练习手指移动是整件事的关键。

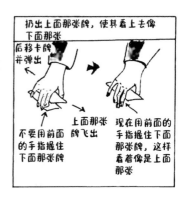

扔出上面那张牌,使其看上去像下面那张

后移卡牌并弹出

不要用前面的手指握住下面那张牌

上面那张牌飞出

现在用前面的手指握住下面那张牌,这样看着像是上面那张

2. 克服协同障碍需要花几个小时练习,但是很容易做到。可以在镜子前练,这也能帮助使用正确的话术,镜子似乎有引发独白的效用。

你需要用移动手指来协调扔牌动作。用拇指和食指扔出下面那张,好像扔出的是上面那张。但你其实正用中指和无名指握着上面那张牌。同时,放开下面那张牌,将其从底部快速弹出。然后把下面的手指上移到上面的那张牌上,使其看上去是原来下面那张。

秘诀是,上移手指和伸展用于扔牌的拇指、食指同时进行。靠扔牌动作吸引注意力,使手指上移动作被忽略。总而言之,要看上去是上面的卡牌被扔出去了。

3. 选择合适的卡牌能使学习更简单,比如塑料卡牌不容易粘在一起,即使手心出汗也能很容易掌控。背面采用相同图案比多种图案更难被监视,易于欺骗他人。

如果有人眼睛与桌面高度平行,飞出的卡牌会打到他们的眼睛,那就不要做这个戏法。这个戏法有赖于感知在高处的角度。幸运的是,有另外的变化方法可以用,比如把卡牌的位置放更高一些。不过如果有人死盯着牌堆的话,那就不会上当了,因为他们认为其中肯定有诈,所以最好不要在这些人面前尝试。

4. 因此,要对参与三牌戏法的人进行筛选,先让一位观众加入。手握三张牌,一只手中拿一张"J",另一只手拿"J"和"A","A"在"J"上面。轻拍这张"A"进一步引起他人的注意。然后把三张牌都正常发出，洗牌，一开始要慢慢洗。把"A"翻过来确认它的位置。这时观众暗自庆幸自己能跟上变化。然后快速倒换牌的位置，让观众相信，就是这种倒换使他们的视线跟丢了"A"。另外一种做法是，把牌捡起来，在手上倒换的过程中变化它的位置。

5. 持续洗牌，直到感觉他们自信心爆棚。这个时候你洗牌，发现他们已经跟丢了牌。然后再正常倒换几次。在把钱放在牌上下注后，再次倒换。

6. 有很多种实验方法。可以拿起两张牌，"A"在"J"下面，扔出一张，让人感觉是"J"。然后示意手里还有一张"J"（他们会认为一开始手里就有两张"J"）。然后显示"A"在桌上。可以弯曲牌的一角显示，那正是他们目光追踪的牌，偷偷地把手中的牌角也折弯，然后用同样的倒换方法，把下面的牌送出，而不是上面的。最后告诫：即便你知道其中的窍门，也永远不要去打赌。

26 树木盆景培育

电影《龙威小子》（*Karate Kid*）中高深莫测的大师宫城先生是一位盆景大师，也是一架可怕的战斗机器。不知为何，培育树木盆景被视为困难而神秘的事情，事实上，在几个成长季里取得良好成绩并非难事。

1. 用生长快速的柳树，速度中等的枫树，慢速的橡树，长得极慢的松树来制作盆景。只有一盆盆景太冷清。有几盆的话，你就能在它们之间轮换着拾掇，还能从生长更快的植株那里学到东西。

2. 买让自己满意的高品质修枝剪、赏心悦目的盆景用盆，当然还有树。可以从苗圃购得，如果有许可权，也可以从野外挖小树苗回来。甚至可以在超市花几英镑买很好的树苗。这些是做盆景的基础植物，你要对重修剪顶部，以降低树木的生长速度，达到盆景效果。

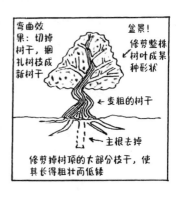

3. 是什么让盆景看上去像一棵微型树？要有锥形树干及非常小的支撑式根系。除非是山上积雪线附近的小松树，否则在大自然中看不到这类树。所以协同障碍是：如何让树干呈锥形但又不能让树很高。答案是：树枝修剪掉越多，树干生长越缓慢，并且盆子越小，长得越慢。

　　日本人已经发明出数种技术来打造锥形树干效果。比较快的一种是，从一棵实际上很高的树开始，比如在苗圃买的树苗。然后在很低的地方切掉顶部，等着它发芽。发芽后，除了最有潜力的芽，其他统统剪掉。用一根铜丝引导最有潜力的芽向上生长（在嵌入芽之前拿掉）。树木向上生长过程中要重复做这项工作。

为了使根系长得具有装饰性，把主根去掉（指很明显的粗根，其目的是保持树木直立，而这在盆景中并不需要），仔细将其他树根修剪成球状，而不是各自独立的长根。球状根系迫使根须都裸露在表面，看着漂亮。但是，根系有储藏养分的作用，所以，需要额外补充肥料来刺激植物生长。

在树木成长过程中，另一种取舍是让叶子长得更小，因为它提供生长所需能量。在夏天剪掉叶子，它会再长出来，但是比较小。这能造成更大的错觉，看上去更像微型树。

最大的错误是过度修剪盆景。最好让它在不修剪的状态下长几周变得强壮。其后在冬末植物休眠的时候，大幅度剪成某种形状，甚至比期望的更小。然后它会长回来，填补被修剪后的空白。

4. 正如所建议的那样，大多数盆景培育者同时养很多盆景，品种不同、生长速度各异，这样可以做实验并有更突出的装饰效果。把枝杈捆扎起来（它们就会比自然生长更快向上弯曲），甚至可以用几块铜板小心地挤压树干（使其长得粗壮而低矮），这些方法都能让树木长成你想要的样子。

27 制作精美可口的舒芙蕾

如果煎蛋卷是家庭烹饪的测试项目，那舒芙蕾就是为那些想成为专业人士的人准备的决定性考试。而且很多专业人士都做不好，起码不是每次都能成功。烹饪在于调整和练习，而非天花乱坠的炒作，所以，为什么今天不从舒芙蕾开始呢？这是一项很好的微精通，能带来收获和经验，而且总是让人印象深刻。

基础款舒芙蕾是用贝夏梅尔酱（béchamel sauce，主要成分是黄油和面粉）做的，但你可以随时用更多奇特的配料制作。尽管如此，舒芙蕾的核心总是不变的，那就是蛋清和酱汁。将蛋清打成泡沫，形成一道屏障，阻止已经困在蛋清气泡里的空气和水汽逃离。这能使舒芙蕾变硬的外壳隆起，就像软木塞从酒瓶中冒出来一样。希望如此。

首先要做贝夏梅尔酱，包裹蛋清使其聚拢在一起（包括味道）。用 100 克黄油和 100 克过筛面粉制作酱汁。加入温牛奶而不是冷牛奶，令其更顺滑。再打 7 个蛋，分离出蛋清，暂时不搅拌。

1. **制作舒芙蕾的入门技巧多种多样，不过一开始最好把它们都用上，这样你就有最大的机会获得成功。为了让蛋清产生更多的气泡，可以加一点酸性物质，比如半茶勺塔塔粉（cream of tartar）。搅拌蛋清，直到开始真的变黏稠。不要搅得过头了，只要稠到倾斜碗时不流动即可（可不要把碗倒过来哦）。**

2. **从室温下的新鲜鸡蛋中取出的蛋清最佳。冷鸡蛋需过度搅拌才能混合得**

好。蛋清中不能有蛋黄，否则打起来比较困难。用金属丝搅拌器辅助打入更多空气。专用的舒芙蕾盛放器皿会感觉更专业。确保烤箱温度在200℃，将器皿放在底层烤架上。这肯定对你有帮助，能让你不开门也看得到里面的情况。

3. 协同障碍在于保持气泡完整。这需要打到气泡膨胀起来。另一方面，必须把蛋白和贝夏梅尔酱适当地混合在一起，获得好的风味、口感。混合得太厉害，气泡会崩解，所以要用到分解技术，一点一点混合，不要一次把所有的蛋清和贝夏梅尔酱都倒在一起搅拌。最好搅拌后仍能看到一丝丝的蛋清，而不是整个搅成一堆糨糊。

4. 混合物做好后，倒入涂过黄油的舒芙蕾制作容器。用抹刀来回涂抹顶部，待膨起后，用手指在中间部位圈出一个专业的"顶帽"。现在，在炙热的烤架上快速烘烤舒芙蕾顶部 1 ~ 2 分钟（或者小心使用喷枪制作）。这能使外壳变硬，而且更容易发起来。然后放进烤箱底部烘烤 12 分钟，全程观察。大多数做坏的舒芙蕾都是因为厨师没有盯着它们，而去做别的事情了。你可千万别这样！做舒芙蕾的时候，舒芙蕾就是一切。

5. 可以练习做甜味、辣味、咸味舒芙蕾，没人会拒绝品尝它们。实验在模具里面覆一层面包屑或糖，这有利于混合物膨胀得更高。

28 制作精巧的木质立方体

如果想进入木工领域，或者只是想学习使用木工工具，要从哪里开始呢？我请教了彼得·绍索尔（Petter Southall），一位技艺高超的橱柜制作者，挪威裔美国人。我问他，怎样才算达到微精通了呢？他毫不犹豫地回答："做一个木质立方体。如果能做出精巧的木立方，就拥有了打造任何木制品的所有技能。"

令人遗憾的是：这听上去容易，做起来难。做一个粗糙的立方体很简单，找一块方形剖面的长条木板，量出足够做立方体的长度，用锯子锯，立方体就出来了。但这离完美差太远了。用刨子、锯子来调整每个面的平整度时，各种问题随之而来，当然，它们还互相影响。这好比那个降低椅子高度的老问题。你把每条腿都切掉一点，但是高低不平。所以你又会这条腿切一点，那条腿切一点，最后，椅子腿全切光了。

可以用电动或手工工具来迎接这个挑战。我觉得后者更好、更有技巧，所以我们假定你就是用手工工具来做的。

1. 应对这个挑战的最好方法是先体验其中的困难。拿一根横切面为标准正方形的木材（正方形边长为 50 或 65 毫米的比较常见），锯下一截，譬如说，52 毫米长。用三角尺和精确尺子检查这个基础立方体。用阴影标识不平的地方，并用刨子刨平。仔细把这个立方体切割出精确的长度。

　　就是要这样来锯木材，如果做得好，锯下来的立方体只需要稍微修整即可，甚至根本不需要刨平或打磨。

　　入门技巧：用日本锯精确锯下木材。使用日本锯切割是用"拉"的动作，不像西方锯用"推"。所以锯条可以做得更加薄而锋利。精致的日本锯可以像刀一样切割，切割宽度比一般的木工锯要窄得多。窄切割面极大地提高了精密度。用日本锯切开的横截面非常干净，纹理清晰，表面发亮，就像是用刨子刨平的，而不是锯掉的。日本人擅长制作非常奇特的联锁接头，用西方锯子做这种接头不容易，因为需要用凿子做大量清理工作。如果你测量准确，可能只用日本锯切割就行了。

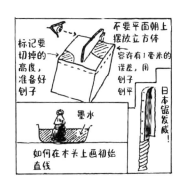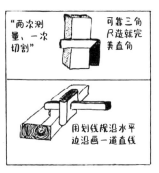

2. 好了，你已经通过锯下现成的木材，做好了第一个近乎完美的立方体。现在需要从头开始真正的挑战，换言之，找一块木头开始制作。粗略地把木头锯成近似方形。协同障碍是：为了两边匹配，一边切掉得多，另一边也必须切掉得多。减少这种麻烦的方法是，把不平整的木头块（从现成的平整木头开始算作弊）浸入墨水盆。吃水线是一条精确的水平线。试着让木头垂直（或水平）于墨水面，得到这条线。这将使刨平动作更容易。现在沿着这条线格外小心地锯木头。然后用划线规在对面一边画直线，用锯切出平面，这样就得到了一块平整的木板。可以用三角尺验证它的平整度。如果三角尺的金属直边下透出光线，则需要用刨子刨平。找到这些凸起部位，用铅笔涂出阴影标识。然后用调整合适的刨子刨掉它们。木板最终可能会变薄，但是能完全平整，而且两面平行。

3. 现在把这段木头的横截面做成正方形。用三角尺和钢尖工具（画细而精确的线条，以便使用锯子）在木材面上画正方形边框线。若锯切有一定的误差，就留出 1 毫米待以后刨平。如果你的锯切水平还不够娴熟，那么所有边缘都要留有余地。末端呈正方形后，沿木材向下划平行线，制作正方形横截面。

4. 这是重要成果，下一步就要切出立方体了。这里会有些麻烦，锯下来后，用刨子修整时可能会把整件事情搞糟。诀窍是把某一面做成四条边都完美的正方形，然后在其他面尽可能准确地画出环绕线。锯完后，这个立方体就接近完美了。找到凹凸不平的地方，用铅笔做阴影标识，然后用刨子刨平。

5. 关键是多做些立方体，可以为小孩子做一套木质积木。每做一个立方体都要试着研究需要留出多少厚度，然后用刨子刨出精致的作品。要变得能灵敏感知锯切宽度，及其对最终形状的负面影响，学着留有余地是成功的重要组成部分。

6. 试着用电动圆锯来看看这有多简单，它可以精确地设置宽度，所有的切割都能百分百平直。可以在书里寻找其他制作立方体的传统方法，我展示的只是其中一种。掌握这些技能后，能够很容易地制作接头，一旦能将木头连接起来，既有功能性又有装饰性，你就完全可以去做任何东西了。

29 清新怡人的代基里鸡尾酒

据说代基里酒（daiquiri）是顶级鸡尾酒，所有制作鸡尾酒的元素和秘密都以某种形式存于其间。它混合了作为基础的酒精、酸橙汁的酸味，和糖的甜味。鸡尾酒正是平衡这三者的艺术。

知名的鸡尾酒大师大卫·恩伯里（David Embury）将鸡尾酒分为"芳香类"和"酸味类"，干马提尼酒是重要的芳香类鸡尾酒，由苦艾酒和杜松子酒混合而成。若酸味不够，则要加点苦味，因此需要加奎宁到金汤力中，这和杜松子酒加苏打水可不是一回事。酸橙汁为代基里酒提供了丰富的酸味，所以不需要再加苦味来平衡。

从巴西到古巴都可见的一种由来已久的南美饮品，在混合了甘蔗酒、糖、酸橙、冰，经美国人改良后，就成了代基里酒。任何地方都能喝到各种形式的代基里酒。1898 年在古巴爆发美西战争之后，在该国的代基里小镇，美国工程师詹宁斯·考克斯（Jennings Cox）完善了代基里酒的配方并记录了下来。最关键的是，他强调了用碎冰快速冷却饮品的重要性。

一开始会有个发音的小问题，它常常被读作"戴可瑞"，其实正确的发音是"迪可瑞"。更重要的是，这种鸡尾酒看上去似乎很简单，由白古巴朗姆酒、酸橙汁、糖浆以 8：2：1 的比例构成。这是经典比例，当然，你可以用不同比例做实验。大多数鸡尾酒都遵循这个 8：2：1 的比例，所以代基里酒可以看作是一种威士忌酸酒，只是用朗姆酒和酸橙代替了威士忌和柠檬。

1. 入门技巧是使用冷冻设备，这会减少稀释，易于控制配料数量。开始时要从冰箱拿出凉爽的朗姆酒、冷却的果汁、冰块、鸡尾酒摇杯。不同的是，芳香类鸡尾酒受益于搅拌，而代基里酒则在于充分摇动，冰块需要被摇成精细的碎末。

2. 最好的配料成就最好的鸡尾酒。代基里酒需要用淡朗姆酒，品质接近百加得白朗姆酒（Bacardi Carta Blanca）的均属上品。酸橙汁应该鲜榨并冷却所得。可以加糖，但它不能很好地溶于冷朗姆酒。最好用一杯热水和两杯砂糖做成糖浆，这可以在冰箱里存放好几个月。

3. 与所有的鸡尾酒一样，做代基里酒的协同障碍在于控制稀释量。稀释是需要的，但过量会毁掉饮品，太少的话，配料又不能混合成完全交融的整体。

　　冰与朗姆酒在搅拌机中混合时必须很小心，不要让冰把朗姆酒搞得水分过多、味道太淡。传统上，冰镇摇杯中装满朗姆酒、酸橙汁、糖浆、碎冰。然后就起劲摇吧。显然，如果所有配料都是冰凉的，摇的时间长些也不会造成稀释过量。之后把混合物倒入过滤器，过滤后就能喝了。（该酒的原始形式是不过滤掉碎冰，不过这样做，最后酒会变得稀薄。）

4. 鸡尾酒需要在派对中展露身姿，这是精进调酒能力的极佳方法。可以改变配料的温度，碎冰的数量，酸橙皮的投入量（皮有苦味，有人说不该让它败坏代基里酒，不过更早期的调酒模式表示不敢苟同这种说法）。

5. 竞争性的鸡尾酒会里有四五个"代基里站"，各站形式稍有差异。每个站以同样数量的配料开始制作。最先被喝光的，也就是最受欢迎的会成为赢家。这些基础配方将作为下一次派对的起点，开过几个派对后，你应该就能调出完美无缺的代基里酒了。

<u>30</u> 探戈走步

探戈就是探戈，但探戈走步是独特的。从花哨的探戈繁盛起来后，真正的探戈精神就不再为众人熟知了。新手最易暴露这点，在探戈走步时缺乏信念。而你需要尽最大努力的正是探戈走步，这部分做好了，整个探戈舞将会精彩绝伦。这一切的原因在于，探戈的基本形式其实就是和另一人一起走步。没有特定的动作，你只是与舞伴在来回走步时，让你们的精神与音乐节奏相契合。

但"走步"这个词会让人们误解。探戈走步是指伴随着态度、平衡、节奏的移动。

1. 入门技巧是：把中心点下降到骨盆底部。大多数人中心点很高，在头部或胸部上方。所以他们很容易失去平衡。如果降低中心点到骨盆底部区域，将会稳定得多。另外，还会发生一件很奇怪的事情：大脑的不同部位参与了进来，使你少有焦虑，且舞步更加稳健。

   诀窍是膝盖微曲，然后胸部前倾超过膝盖。这样靠脚趾站着会晃，使你想向前迈步，这就是探戈走步的基本开始。现在，如果换一只脚收回一点以保持平衡，就能把中心点向下聚焦到骨盆区域。想象眼睛已经移动到下腹部的某个地方，从这里看出去。没错，你现在是从腰部的高度来看世界。记住了这一点，就为开始精彩的探戈走步做好了准备。

2. 可以在任何地方练习探戈走步，甚至在街上以稍显乏味的形式进行。不需要什么特殊装备，不过轻便、合适的鞋子会有帮助。一开始，宽松的衣服也有助于练习。

   探戈走步时，你展现的形象应该是一只小心翼翼的猫或其他野生动物，保持高度平衡，每向前一步都带着试探性。弯曲着后腿膝盖，你控制着每一步，且准备好移动，这就是你永远不会失去平衡的原因。然后斜步探出前脚，先是脚趾，即使脚跟先着地也没关系，只要你迈出每只脚，轻柔地擦着地板，像猫那样走路就行了。

3. 迈步前，胸部与膝盖保持在一条线上，使身体不平衡。想象上半身只是坐在下半身上，后者完成所有的工作。就像平常走路那样，臀部和头部不要上下跳动，身体几乎是横向漂移，不过膝盖在上下移动。

  协同障碍在于前进时跟着节奏保持这些状态不变。做到这样的方法是，每前进一步，都想着让后脚脚趾沿地板拖曳一点点。这伴随着节奏出现在每一步中，使你能感知每一步的开始和结束。走步时身体保持低位。鼻子不能像平常走路那样上下运动成"V"字轨迹。如果上下移动，应该划出平滑的"U"形曲线。

4. 探戈走步全在于让身体思考。正确的走步能释放你的舞蹈天性，并和舞伴的跳舞本能结合在一起。真的，就像性爱那样，所有的探戈粉丝都会这么对你说。

31 钻木取火

你可能在电视上看到过野外生存专家用弓钻木取火，但是很少见过只用两根木棒这种纯粹的方式吧，这就是"手钻"。一根简单的细直老干木棒，或其他树心木，在用铁线莲或柳木（为了达到最佳效果）做的基板上转动，引出火花。开始冒烟后，刻出一道凹槽连接钻出的黑圈和基板，让黑色热灰在凹槽中聚集，有望形成灼热的黑木炭。然后木炭渐渐移动到球状引火绒（通常是将树皮内层纤维揉搓成精细柔软如头发一样的绒状物）上，接触，开始燃烧。

户外杂志《行走者》(*The Bimbler*) 的创始人里奇·利斯尼（Rich Lisney）是手钻取火专家，他告诉了我一些如何微精通这项古老艺术的小窍门。

1. 手钻取火的入门技巧是用双手摇出"8"字形图案，这被称为"漂移手"。双手夹住木棒末端，令其直立不倒。不要只是双手一起前后搓动木棒，让木棒末端靠在手掌中，每只手都做来回摇摆的动作，同时在两手间转动木棒。

   双手保持在同一地方，不要向下滑动，这能使钻动过程保持连续，然后温度升高，木头开始冒烟。双手可能必须沿着木棒向下用力，使其末端有足够的压力，不过

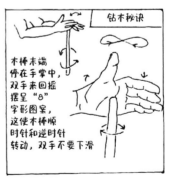

钻木秘诀

木棒末端停在手掌中，双手来回摇摆呈"8"字形图案，这使木棒顺时针和逆时针转动，双手不要下滑

漂移手技巧在于稳住双手在同一位置。反复练习，手掌皮肤坚韧才能避免磨出讨厌的水泡。

2. 协同障碍在于转动与下压要协调。用画"8"字方法转动，如果幅度太大，则没有足够的下压力以产生摩擦力。下压过猛又会使手快速下滑（长木棒有助于解决这个问题），那样就要停下来，把手移回顶端再开始钻动。

3. 做基板的最佳木材是铁线莲，老干的木头做手钻最好。要确保二者均来自死木，但不能是朽木。如果不得不从树上取木，则要将木头放入烘柜中 1～2 个月晾干。湿气是手钻取火的最大敌人，所以要在干燥的地方练习，远离潮湿的地板，如果忍受得了烟气，可以在车库或厨房的长凳上进行。

4. 很少有事情能比用自己的技能和几块木头生出火来更令人满意了。对于生火技能来说，手钻是终极方法。没有多少丛林技能教师掌握了手钻取火。专家里奇·利斯尼一有空就在他家的厨房中练习，花了整整 3 个月。这是多么不平凡的技能啊！人人都有兴趣知道它是如何实现的，这或许是一种激励，促使他们进步，变得更好。

5. 开展手钻取火比赛是跨越障碍的一种方法。找个伙伴一起开始练习并比赛，看谁先生出火来。

6. 刻不同大小的凹槽、用种类各异的木材做实验。一旦练就高超技艺，你可能会发现，任何木头都能钻出火来。

   这些知识对所有对丛林及户外生存活动感兴趣的人来说都是一大福音。通过手钻取火，你能够深入了解蕴藏于山水、树木中的丰富知识。

32 写出一手漂亮的字

电脑时代，人们非常珍视手写的卡片和便条。很多人喜欢在日记本或笔记本上写满想法和发现。但是如果因书写混乱而没法读懂，或字体难看羞于见人，那么良好的手写体就是解决办法了，不过不要满足于"良好"，要漂亮。

1. 有两个入门技巧可以马上提高手写水平。首先，握笔高一些。书写潦草的人会握在笔尖以上仅仅几毫米处，弄得手指一塌糊涂。握得高一些，要真的够高。想象它是一支画笔，而你是画家高更（Gauguin），在画架前泰然自若。握在钢笔较高位置上意味着你不再只使用手腕和手指，而开始让整个手臂动了起来。充分利用手臂能提高手写水平。字体会感觉更飘逸，看着更好。

   第二个技巧更加简单到不可思议，只要拉长字母的"长胳膊""长腿"，比如，"y"和"p"要有长长的腿，"t""l""h"要高到天际。你立刻会发现，不只书写好了很多、更有风格，页面上的文字行也不再向上或向下倾斜了。原因是，每写一个长字母，你都会给大脑发送很明确的信号：落笔要与页面相关联。这就像是每次都在做重新校准。挨在一起的字母都能写得一样高后，就有了初始参考，然后就像没有任何指引一样，你可以一路写下去。

2. 协同障碍是速度与美感间的对抗。如果写得非常慢，像慢慢画画那样，其结果是字母外形有点丑。所以要提高速度但保持精确度。改善的最好方法是大量练习，真正乐在其中的信件书写，以及充满期待的主动写作。

首先，从拉长"y"和"t"的腿开始，并且只做这个。其次，像印刷体那样，给小"a"的脑袋上加上"卷发"，这看上去很棒，也非常令人满意。再次，把"g"写成印刷体更好，样子是两个大小不同的圆圈上下相连，这样的"g"几乎不可能难看，而且能给你带来特别的兴趣和艺术元素。

3. 说到工具，廉价纸张和圆珠笔会把人引上糟糕书写之路。买一支好钢笔，日本品牌写乐（Sailor）出品很多品质卓越的书写钢笔，笔尖精致，用途多样。再买一本精美的笔记本，或许可以是手工制作的。有了合适的工具，你会更加努力。要想保持线条笔直，首先必须得把铅笔线画得很浅。

4. 坚持写展示给别人看的日记。写短小的作品，但要美丽。如果你喜欢，可以加入简图和地图，不知为何，配上插图的文字总是更好，不论是多么基础的插图。丹·普莱斯的《如何书写生活日记》（*How to Make a Journal of Your Life*）就是这个话题相关的绝佳读物。

5. 无论何时，只要可以，就买点稀奇古怪、古老有趣的明信片。坚持用它们来和他人保持联系，而不是电子邮件。这也是一种很好的方式，能确保他人真的收到信息，甚至 CEO 和名人们也会查看他们所有的明信片，因为有可能真的来自一位亲密朋友。要把每一次发送明信片都当作创作漂亮手写体的机会。

6. 掌握了书写字母的"长胳膊""长腿"，并能把"a"和"g"写得像铜板印刷字体或其他手写体样式后，可以看看一些几个世纪以前的书写风格并临摹。握笔高一点，在肩的引导下用整个手臂舞起笔，你会很容易实现精通。

33 讨价还价

东方市场或露天市场里可以进行最纯粹的讨价还价。任何东西都能协商价格，要么不标价，要么没有固定价格。这里可以学到很多妙招，你可以将其用到任何其他地方，从购买贵重商品如汽车和房屋，到工作中协商加薪。

1. 入门技巧很简单，绝对不要把想买的东西拿在手里。所有摊贩都知道，手里拿着东西会在持有者心理上形成些微所有权意识，这种像金块一样的珍贵信息可供他们挖掘并利用。仅仅是不拿起东西，你一开始就能立于强势地位。如果喜欢，可以用钢笔碰一碰。若是非常想买，那么多看几样，这个只是其中之一，这样就能掩饰一直拿着的动作。

2. 讨价还价主要涉及信息和认知障碍。如果知道东西的真实价格，那马上就有八成把握了。信息就是一切，应该运用一切方法、尽你所能获取更多的信息。盲目进入市场最容易被搜刮一空，除非你可能无意中遇到一个保守得非常好的秘密。

   我的一位朋友曾在伊朗市场上以商品标价的 1% 来出价购买一把装饰用刀，当时他只是瞎胡闹。但是这些刀具确实是被无耻地标高了价格——为了卖给游客。卖家突然觉得我朋友知道真实价格，所以以这种难以置信的折扣卖掉了它。当然，这是一场精心设计的游戏，若掩饰不了对某物的欲望，就会扰乱对局面的控制，把优势拱手让给卖家。有一个方法是，用恭维奉承的语调说："我喜欢这个东西，但是我要厚颜无耻地向你出价……"

3. 轮到你出价的时候，可以把价格压到远远低于卖家开价，让对方非常难对付。不过说真的，一旦提出了初始价格，你就不大会离开这场交易了。你的第一次出价确实会引起整件事情的发生。

　　如果很多商店售卖同样的商品，比如精雕细刻的国际象棋、镶嵌装饰的盒子，那么所有东西可能来自同一家制造商，这样，在你上钩前，信息会迅速传开到每个卖家耳中，提高对你的报价。再说一遍，关键在于信息，如果你真的考虑和对方讨价还价，而不是"鞭打"卖家，那就需要把所有的情感包袱搁置一旁，因为这真的会阻碍一桩好交易的实现。我们都知道，最好的交易都是由那些拿得起、放得下的人来完成的。

4. 一位古董经销商曾教给我两种讨价还价的方式：一次开价坚持到底，多回合商讨选取愉快的中间价。如果你知道真实价格，卖家也知道你心里有数，那么直接开出真实价格就好。这比来回商讨更有效，因为你已表明自己有信息，这会让某些卖家自信心崩溃。而毫无章法来回讨价还价会显示出自己缺乏信息，尽管初学者认为这样会显得他们多么"顽强不屈"。

5. 如果你是游客，或是看上去像游客，但是知道真实价格，那也别指望拿下它，因为不仅仅是信息，感知也起着作用。如果卖家觉得你能够支付某个价钱，他将绝不妥协。有时他宁可不卖，也不愿意破例把游客当圈内人士对待。如果你给摊贩名片揭示自己是同行，那总能得到折扣，低价销售给业内人士的话，摊贩不会觉得是丢脸的事情。最重要的还是大量练习，买很多便宜的小东西。也可以用"收集物品"做借口，在讨价还价中买下商品。

6. 时间和金钱可以互换。如果市场里有很多一样的东西，那你在这里就有的是时间了。慢慢来，压低价格。如果只有一件，你又喜欢，那就没有时间优势了。如果还没有信息，那你更处于弱势地位。这时候可以试一下"百搭牌"，做和前述相反的事情。你说自己好喜欢它啊，把它拿在手里爱抚，表示一定要拥有它，行为极其夸张。但是找遍自己的每个口袋后，你只有一丁点儿钱。有时这也奏效，毕竟摊贩也是人嘛，更愿意把东西卖给喜爱它的人。

34 把菜刀磨得像剃刀那么锋利

使用锋利的工具是一种乐趣。可惜的是，在陶瓷片或钢做的磨刀器上来回拖拉磨刀，磨出的刀刃很一般，不会像剃刀那么锋利，连手腕上的汗毛也削不下来。如果想要像专业人士那样砍剁切片，菜刀就需要像剃刀一样锋利。

1. 几乎你买的所有的刀都达不到剃刀的锋利度，包括很多精选的所谓厨师用刀，原因是这些刀没有剃刀类的刀刃。这些刀的刀刃有两部分，有一个小角度的倾斜看着像刀锋，而从刀片的切割部位往上约 1 毫米，刀刃呈非常陡峭的"V"字形。技巧是，先磨掉这种二级边缘，使刀口从下到上呈连续的"V"字形。如果用锉刀或非常粗糙的日本水磨石来手工打磨，那工作量不小，因为要磨掉相当多的金属呢。

2. 要磨掉大量的金属，又没有慢速研磨机，那么用超级粗糙的日本水磨石是最简单的方法。速度很快的研磨机可能会改变刀的力学性能。在最好的石头上浇上水，可以很容易地磨掉金属。不过粗糙的石头也能做到，只是需要花时间。

   可以画圆圈或与磨刀石交叉拖拉刀片来磨。每面磨的次数要完全一样，以保证两面的角度相同。如果一面磨了十次，那另一面也要磨十次。你知道这有效，一开始刀口看起来更钝，不锋利，要坚持不断磨，等最后锋利起来了，就可以不再磨掉金属。到了这个阶段，你应该能看到，从刀口边缘两面向上，刀刃呈笔直的"V"字形，而不是像以前那样有角度。

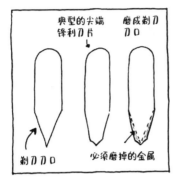

3. 最困难的是在水磨石上交叉拖拉磨刀时，不知道自己该用多大力气，这就是协同障碍。压力太大会磨掉太多，甚至把刀口也磨没了。太小的话又不起作用。想象在烤面包上涂黄油，黄油没有冻结，但也不太软。在脑子里给不同的压力水平分配数字。你能了解到，用非常粗糙的磨刀石磨掉金属时多大的压力才合适。这些知识在接下去的两个阶段中会有所帮助。

4. 一旦有了笔直的边缘，就可以开始磨锐刀口了。用中粒度日本水磨石，一直磨到感觉刀口确实比较锋利了就行。可以不施加压力，把刀拖过纸张做测试。现在挪到精细的磨刀石上继续磨，直到更加锋利。

5. 现在准备用磨刀皮带来磨刀了，这是旧日的理发店使用的技术。拿一条厚皮带完全浸湿，缠在脚上，紧紧抓牢，然后在湿皮带上，小心地来回拍打刀片，先是一面，然后另一面。这能把在磨刀石上磨起的所有小突点都磨平。这时在显微镜下看，边缘不再是锯齿状，而更像是剃须刀的刀口。

6. 把一把刀磨到像剃须刀般完美后，可以试试打磨凿子和刨子刀片。和烹饪一样，使用真正锋利的工具将使整个木工活动具有完全不同的体验。

35 带领小组荒野生存

　　如果能微精通于带领一小组人实现荒野生存，那你就能在任何地方领导任何类型的群体。这不像把实习生送去参加户外拓展训练的管理者那样什么都不用做。显然，荒野是未知的，领导者拿了报酬，要在人们不熟悉的地方带领他们去要去的地方，告诉他们何时何地停下。这是对"领导者"最初也是最重要的界定。忘记什么魅力、激情、承诺之类的鬼话吧，领导者就是那个旅行中知道路在何方、什么方法正确的人。需要做的可能包括知道确切的路线，或雇佣当地向导，任何情况下，领导者都会做最终决定，选择走哪条路、何时走何时停。

　　荒野领导训练如此有用的原因是，团队中总有人懂得更多。会有一位成员背着你秘密工作。他们并不是一旦拥有了领导权就真的想要继续，这只是一个与群体行为不可分割的事实，领导者就在那里，会被替代。也许这是一种对抗专制的健康保护，但是，如果没有意识到这一点，你可能会失去一切，因为没有等级或外部强加的地位，也没人收了钱来听从命令，这种领导方式非常纯粹。想要接管的欲望在任何工作环境中都会显露出来，只是更微妙，但在这样的团队中是公开的。

1. 入门技巧很简单，控制地图。看地图的人知道路怎么走。如果有 GPS（全球定位系统），也需要控制。戴能设置闹钟的手表，这样可以早点被唤醒。忽略其他所有路径信息来源。向大家解释有人推荐不同路线是没有帮助的。这与下一个事实相关联：指挥在前。要成为那个重要的男人或女人，因为每次旅行都会出现路径偏离，而必须有人做决定，那可是你的工作。

2. 领导者比其他任何人都懂得多，是团队中的老师。如果有人知道得比你多，指定他们为该领域的专家。但只有你可以决定你们要往哪里去，什么时候停下来。如果还没有到达你拟定的距离，就算路过一处看着像理想休息站的好地方也没关系，要继续前进，即便有人提出异议。受大家欢迎是有帮助的，但是荒野领导在于带领团队毫发无损地从地点 A 到达地点 B，就是这样。

3. 协同障碍是既要和大家打成一片，又要保持距离。你对路径细节了解越多，在可能遇到的一切面前就越强大，也就更能承受与队友的亲密关系。

  团队里有位助手类的二号人物总是有帮助的。你们一起形成一道不可阻挡的壁垒，对阵总是唱反调的人组成的阵营。你可以友好对待自己的助手，对其他人疏远一点。相处起来没有距离的话，很难让人们做他们不愿意做的事情。

  若前一晚喝醉昏睡，那第二天不要惊讶于他们质疑你的路线。这很重要，因为很多时候你可能对自己不够有信心。你需要其他人的信任来增强自信。另一方面，犯错并不意味着你必须放弃对地图的控制。

4. 分配工作，使大家平等，轮转工作，做好自己该做的。等其他人都吃完后再吃饭，每天早上第一个起床。只要是第一个起床的，多晚睡觉没关系。如果想准时离开休息地，你就必须做一个让人讨厌的催促者，如果不设定时间，那就不会有时间了。

5. 作为一项实验，与能力迥异的朋友们一起徒步旅行，讨论每一段路线，思考何时何地停下来，看看事情会如何发展。这可能比领导更有趣，但你就无法达到自己计划的里程了。

一个小组中，如果所有成员都有同样的技能，而且目标明确，比如爬山，你会发现，他们就不怎么需要领导了。

36 3小时学读日语

　　日语包含三种文字系统，有着"超级硬语言"的名声，但是有办法实现微精通。日语中使用的汉字数以千计，普通高中毕业生掌握的数量是 1,945 个。平假名是音节字符表，含 46 个符号，用于书写原始日文，而不是那些有完整汉字的日文。片假名是另一种音节字符表，也有 46 个符号，用于书写原始外来语，就像你的名字或菜单上的菜名，比如汉堡、比萨、拉面。最好先学片假名，那样你能立即解码日语符号，因为里面常有很多外来语。

1. 入门技巧是购买詹姆斯·海西希（James Heisig）的关于学习片假名的优秀书籍。[1] 他也写了很多学习日文汉字的书。学生时代时，他设计了一个非常巧妙的助记系统，能让你记忆日语符号，并建构系统。

2. 海西希的书很短，只要 3 小时不到就能学习记忆片假名。尽管有 46 个符号，但基本形状没几个，可以先学习这些，然后在此基础上扩展。你马上就能读出漫画、菜单、店铺招牌上的外来语，还能写自己的名字，向任何遇到的日本人炫耀技能。我发现用毛笔写日文字符更有趣。派通制造的笔自带墨盒和毛刷头，像毛笔，但是不用蘸墨汁。对日语有更多的感觉和心境，会有助于学习。

3. 海西希有他自己的助记系统，但是你可以自行设计并与之并行使用。例

1　如《记忆假名：平假名和片假名》（*Remembering the Kana: Hiragana and Katakana*），日本出版贸易株式会社，2001 年。

如，"RA"（ラ）真的像半个碗上面放了点东西，在其他单词里，如"RAmen"（ラーメン，拉面），可以看成汤上面放了块猪肉（因为是拉面）。"RO"（ロ）是个正方形，在其他单词里，如"ROund"（ラウンド，旋转、圆），单词意思是"圆"，而"RO"的字形是正方形。"SU"（ス）像汤（"SoUp"，スープ，汤）碗边斜靠了把勺子。

4. 对于助记系统，越疯狂，越是野路子，效果越好。"NA"（ナ）像两根细胡须，这在日本是不能接受的（因为只有部分日本人能长出像样的胡子）。

5. 看着音符表，开开心心地形成自己的方法来记忆。如果感兴趣，可以继续学习平假名，这种文字应用于十分常见的日语单词及词尾中，也出现在一些漫画里，而日文汉字被认为"太难"了。

37 成为街头摄影师

街头摄影已成为一种时尚，随着小型、紧凑型、高分辨率数码相机的兴起，它进入了所有人的视野，而不是像以前号称的那样，仅限于使用徕卡相机的少数人群中。

1. 入门技巧很简单，就是"靠近些"。如果聚焦于某物（如果有时间），按下快门前，勇敢地上前两三步。把人作为某有趣物的前景，越过它，相机要离人很近。设置大光圈、高快门速度，成像更清晰。

2. 协同障碍存在于速度与抖动／失焦之间。虽然可以有意使照片模糊，但是相机抖动并不会给照片增加效果。观看顶尖街头摄影师森山大道的工作视频（YouTube 上有很多）会有帮助。尽管他拍得非常快，而且常常在臀部的高度拍摄，不从取景器中查看，但是他会在路上停下来，等一会儿，让镜头稳定下来。

    他以"行走模式"拍摄，与之相对的卡蒂埃－布列松的方法更静态些，找到一个好背景，等待好玩的事情在它前面发生（比如过去一辆自行车、一群玩耍的小孩子等）。尽管如此，他知道在行进中面对可能移动的物体按下快门很可能造成模糊（就算快门速度高到 1/500 秒，在另一移动者前快速走过也会产生模糊）。

    把相机戳到人家脸前并保持不动是要有勇气的。不过也并不需要冒犯别人。卡蒂埃－布列松用黑胶带裹住他的相机，这样就不那么显眼了，他的偷拍很成功，几乎没人注意到。森山也同样小心谨慎。"我不想让人家感到不快。"他解释道。

3. 对于摄影，书呆子们是对的，最初全在于装备。不是说非要很昂贵，只是必须适合，让你想拍照。有些人会用 iPhone 手机或其他设备，随时随地拍照，以此受到鼓励，而如果不够便利就不愿意拍了。

　　可以快速聚焦，且使用时非常安静的小型相机最好。能放进口袋的相机要比不得不挂在肩上的相机更易随身携带。如果可以，弄一台低光拍摄能力强大（感光度高达 25,000）的相机。忘掉单反相机和巨大笨重的变焦镜头吧，否则你会变得懒惰，不愿意靠近它。若有可能，小于 30毫米的广角镜头能促使你克服"再靠近些、再快些"这个协同障碍。

4. 成功回报可以来自当下能展示街拍照片的地方，比如 Flickr、Instagram，或者任何网络社交平台。尽可能多上传，让别人判断它们的优劣，你会对结果感到惊讶的。

5. 比起胶片摄影，数码摄影更具可复验性，也更容易上瘾。你可以非常轻松地一天拍 100 张照片，日复一日。如果能做到这样，就能很快提高技术。不论去哪里都带上相机（就算去超市或图书馆也是一样），尤其夜间更要带着。

6. 摄影有无限的可实验性。彩色、黑白，或使用滤镜。处理过程中可以增加色彩饱和度，或者像我喜欢做的，提高对比度。你可能会像我经历的那样，从数码摄影被引回到胶片摄影——一个具有实验性和创造性、充满期待的精彩世界。

38 手工鲜酿啤酒

把家酿啤酒等同于廉价、黄油口味啤酒的日子一去不复返了。如今，家庭酿造者的出品能够比肩甚至超过有声望的主流酿造企业的产品。2014 年，仅仅过了 1 年，格雷厄姆·尼尔森（Graham Nelson）酿造的啤酒产量就达到了家酿印度淡啤酒的 5.3%，这给家酿竞赛的评委们留下了非常深刻的印象。索恩桥啤酒厂（Thornbridge Brewery）复制了该配方，产品在大多数维特罗斯（Waitrose，英国连锁超市）分店销售，名字叫作"维也纳印度淡啤"。

啤酒酿造出来后很快就会被喝光（有时只有几天）。这意味着可以按照自己的进度快速重复学习。可以一批批地制作，有足够的空间来开展微精通实验。不过我们建议，盯住一种类型，比如印度淡啤，坚持做下去，直到品质完美无瑕。

互联网上有大量手工酿造的信息，不过我们这里提供的已足以让你着手开始。

1. 这里的入门技巧也是格雷厄姆·尼尔森用过的，即采用全谷物酿造成套设备。它精确复制了主流啤酒酿造企业的配置，只是规模缩小了而已。你能够买到这套设备，价格在 200 ～ 300 英镑之间，可以用很多年。一旦拥有，你完全有可能生产出让所有酿酒企业都羡慕不已的啤酒。

2. 有了成套设备后，选用你能找到的最佳原料，然后再次模仿，效仿那些已经立足的良好酿酒企业使用的方法。不要感觉总是不得不采用本地的啤酒花和麦芽，要为已有的配方选择最好的原料。用湿酵母而不是干酵母，以前的家庭酿酒者一直这么做。有几家供应商可以为家庭酿造提供一流质量的原料。为了酿造高品质印度淡啤，可以在线搜索别人已经发现的效果不错的详细配方，互联网上一点儿也不缺手工酿造类信息。

3. 有助于更快实现成功的事情：如上建议，首先尝试制作印度淡啤。其风味包括少量的双乙酰，及发酵衍生物。发酵过程中将过量产生很像爆米花的奶油糖果味，喝的时候会把舌头裹上一层，令人不快。制作拉格啤酒（Lagers，一种窖藏啤酒）要求仔细去除双乙酰，但是印度淡啤并不需要这样严格的提纯处理，因此可以简化流程。所有东西都要一丝不苟地清洗，有人说，90%的酿造工作在于清洗，如果使用合适的清洁产品，比如斯塔尔桑（Star San）免洗消毒液，则能除去严重破坏口味的微量细菌。

4. 相比酿酒巨头，家庭酿造者还有一个优势：无论何时要提供给别人啤酒，都可以添加酒精和调味剂，甚至混合其他啤酒，以达到你想要的口味。被人嘲笑会丧失信心，所以如果需要事先秘密地混入一些别的东西，尽管去做！

　　这种实验能让你学会酿造基本风味的啤酒。要喝刚酿造好的啤酒时，你可以添加东西来改变口味，随后调整酿造过程，这样，一开始就能打造出自己期望的口味。

39 自制衬衫

　　在网上逛逛你会看到，大家说衬衫制作这件事远远超出他们的能力。忘记这种论调，直接开始做吧。这是一项挑战自我限制思想的微精通。与约翰·保罗·弗林托夫一样，你可以在约 10 小时内自己制作出第一件衬衫，也许更短。所以，找一天，留出 10 个小时吧。一天内完成一件衬衫，哇哦！

1. 入门技巧是拿一件特别喜欢的衬衫，把每一部分都依样画到纸上，衣领、肩部、衣袖、袖口等。不要买模板，新手可能会搞不明白。所以，可以用很厚的纸自己制作模板。

　　下一步，把旧衬衫的各个部件都拆下来。这样做能更好地了解布料需要留多少余料来将各部分缝制在一起。现在，找到你要用的布料，2平方米足够了，还能多出来点以防失误。用粉笔将每部分纸模沿边缘轻轻画到布料上（或把纸模钉在布料上，沿边缘剪下，要留出缝边空余）。然后用锋利的剪刀小心剪下。把所有剪好的布料块摊开来。瞧，这就像宜家的套装，组合起来易如反掌。

2. 如果你真的崇尚简单，那可以手工缝制。这是一种很好的技巧，仍然用于顶尖高级时装店。不过相当耗时，远远超过 10 小时。所以，搞一台缝纫机，简单又可靠。如果电动马达和锋利的针头会吓到你，那就换成手动缝纫机。当然，用手转动或脚踏操作缝纫机会更有操控感。不过现代电动机器很容易使用。最重要的是，这台机器要有激励作用，让你想缝纫。eBay 网上有很多简单可靠的缝纫机出售。网上有很多操作手册，下载下来，学习制作衬衫最简单的缝纫方法：双线连锁缝纫法。

现在，用双线连锁缝纫法练习缝直线。将布料平稳送进并穿过缝纫机，魔法一般，一道缝线出现了。重要的是让机器来工作，你不需要推拉布料，只要保持其按直线前进就好。试着将布料缝成管状，用于衣袖部分。把布料卷起来，这样方便在整个长度上缝制。

协同障碍在于用缝纫机时，要平衡缝制速度（它会影响布料移动速度）和准确度。不过不必担心，如果偏离了方向，可以用拆线刀把已经缝好的线拆掉，重新来过。

3. 找一块真正让你兴奋的布料做衬衫，如果那就是你想要的，越痴迷越好。没有弹性的棉布最容易做。非常薄的布料很难操作，缝的时候可能会变形。长期练习用缝纫机后，就能缝出笔直的直线，这时候就可以开始组装衬衫了。

组装前熨烫每片布料。加热熨斗备用。你需要通过熨烫去皱、做缝边与细节折叠。从两个前片开始，拆开衬衫时能看到，门襟处都需要折叠。可以用手工快速地将布料片暂时用粗针脚缝在一起，也可以用大头针别在一起。手工缝制需要更长时间，不过后面再用缝纫机会容易点儿。这样就能把需要缝在一起的布料边缘固定住。在肩轭处将前片和后片缝在一起。接下来做组扣孔（手工制作或用缝纫机上的钮孔缝合配件）。然后是袖圈、侧边、袖子、袖口、衣领。

4. 制作过程中，最困难的是不放弃，因为你做的衬衫看上去不太像是成功作。记住，它还没有压烫过，压烫能使其大大改观。

5. 一旦缝制好，压烫后穿起来。你甚至可以在口袋上方缝上自己的设计师标签，上面写上"整件自制"。实现了衬衫制作微精通后，约翰·保罗·弗林托夫又做了一条牛仔裤，这些我都见过，你不能说它们不是出自顶尖设计师之手。

微精通你的人生

▲

释放自己的兴趣

▲

要从小处着眼，小事着手。孩提时，我们都是从学着做好很小几件事情开始，使用餐具、系鞋带、骑自行车。我们能利用这种基础的、不怎么重要的方法来改善生活的所有方面吗？我觉得可以。

这本书做了诱人的承诺，要揭示通往幸福的秘密道路。它之所以看不见，是因为我们自己把它隐藏了起来。我们藏起了那些困难、复杂、昂贵、耗时的东西。这种隐藏全都是因为我们不让自己的兴趣投入其中。

一切始于兴趣。如果不感兴趣，我们不会关注，更不会学习。快乐的人有很多兴趣，人也很风趣。严重缺乏兴趣是心情抑郁的征兆之一。

不过没人会专门来给我们送"兴趣许可"。

没错，我们生活在靠影像来吊胃口的文化中，心照不宣地放弃了任何真正的参与。这个"真实世界"展现得很专业，值得钦佩，但无法感动。所以，通往成功的神秘路径是，重新学习如何释放、投入自己的兴趣到一切事物中，并付诸行动。

这个世界很复杂，擅长拒绝接纳人们，并使大家自己把自己排斥在外。虽然可能有必要，比如手脏的人需要被请出手术室，但生活中大多数情况并非如此。大部分时间里，我们都可以对一切事物饶有兴趣并积极参与。

我们通常不会这样做，因为觉得在各方面的投入成本太高了，包括精力、承诺、金钱、装备、知识，而且养成了臆断的习惯。一个人花费 250 英镑制造了一辆汽车，然后发现没人询问他做这个花了多少时间或遇到多少困难。他们都只评论，要拿到"上路许可"是多么困难。实际上，那很简单。（交通管理局的官员觉得生活无聊，很乐意给新东西一个机会，让它们被用起来。）不过人们习惯于认为"红头文件"会阻碍他们。

比起真正做点事情，看看最新专辑要容易得多。

微精通作为一种观察世界的方法，会给你无限的兴趣许可和参与许可（让你愿意投入兴趣并参与）。欢迎到这个广袤无垠的世界中来。

虎与笼

想象笼中锁着一只怒吼、渴望逃脱的老虎。那咆哮的老虎是你拥有的所有被束缚的能量和热情，只待被释放到这个世界上。有时不就是这种感觉吗？只要你能找到打开笼子的钥匙，所有的优柔寡断、怠惰懒散、缺乏进取都会不复存在，咆哮的老虎将势不可挡。

笼子有两扇门，都锁着。一扇很大，而且有一个很大的钥匙孔，看着很诱人。另一扇很小，三把锁紧紧挤在一起。笼子的地板上散落着很多钥匙，可怜的老虎用它笨拙、老迈的爪子，艰难、缓慢地不断举起钥匙，试着开锁。钥匙有大有小，大钥匙显眼，尽管它们更重、更难找到并操控。经过艰苦卓绝的努力，老虎找到了一把大钥匙，打开了那扇大门。

大的门通向满是食物的地方，最初看上去自由得不可思议。它狼吞虎咽着所有的食物，变得又大又肥又笨拙，令人嫌恶。慢慢地，它发现自己其实已经进入了一个更大的笼子。它开始查看，看到有一个出口，无须钥匙，但是非常小而且低，无法穿越。它发觉，所有精美的食物都让它恶心，可是又沉迷其间。

由于无法减轻体重，它从前无穷无尽的精力开始衰退，变得疲惫、衰老，甚至害怕外面的世界。它意识到工作、职业、专业化仅仅是达到目的的手段，以便能有活力和热情与这个世界交流，但是太晚了。可是它想，这本身也是个目的，然后觉得，这变成了另一个笼子。

那个较小的、不怎么显眼的门需要三把不同的钥匙。但是地上有很多小钥匙，任何三把都可以。立刻，老虎明白了，要做的只是找到一把钥匙插进锁孔，然后再一把，再一把，非常容易。很快，小门打开了。老虎进入一个食物贫乏的地方，但是足够支撑其观察和学习。同样，它发现自己身处另一个笼子，也马上看到一个小出口。不过它身材仍然纤瘦，所以一下子就蹿过去了。这个出口之后是丰富多彩的世界。

实现了真正的自由，老虎的精力和热情再也没有减退。它开放，表现良好，让自己对一切都充满兴趣。它甚至可以完成工作、职业发展、专业化，因为它知道这不是生活的全部。这时，它能够释放、投入自己的兴趣到这个五彩缤纷的世界中了。

生活的目标并非精通一门学科，尽管那很诱人。很多人是某一领域的大师（从体育、艺术到商业）可他们活得并不快乐，还浪费生命。生活的目标是，利用掌握的知识和技能跳出樊笼，过你能够过的充实日子。那意味着，你要变得更加博识，开放，有活力。实现各种微精通，让自己对任何期待的东西饶有兴味且积极投入，保有、延伸这种兴趣，并且流畅轻松地转换，这样，你就能走出笼子。

你一直有这种感觉吧。

你的内心深处有一只被囚禁的、等待冲出樊笼的老虎，那是你的活力和热情。释放那只老虎吧！

你的多个自我

▲

你的护照、身份证、驾照、银行账户都有相同的名字。你注定是单一的个体。我们整个文化都支持这种观念，但这显然不是事实，你不是单一的，你有很多个自我。

多重人格心理学中的深刻见解为我们所有人提供了有用的隐喻。我们心里住着很多个不同的自我，只要稍做内省就能揭示这一点。其中一个可能喜欢抽烟，而其他的讨厌。可能一个酷爱运动，另一个却喜欢蜷缩着看书，甚至不愿意因为要喝水而动一动。一个或许爱好诗歌与艺术，而另一个醉心于商业和赚钱。所有这些自我在一整天内你推我搡，快速地你胜我负，不停转换。

如果多个自我的想法让你不自在，那可以把它们想象成"自我的多条绞股"，不过每条绞股都有相当大的自主性；同时，作为绳子的绞股之一，它们具有相似性，但比绳子本身更受限制。

听到自己被界定为要么内向要么外向，谁不曾恼怒呢？我们大多数人二者兼具，视情况而定，且由"自我"负责调控。

有时，从一个自我开始，猛转到另一个，结果可能是戏剧性的，你突然间进入了最佳状态，真的活力四射。有些自我可能擅长驾驶，有些则不——路上发生车辆碰撞时，事情可能很简单。

第一步就是要接受你有多个自我而不是单一自我的观点，然后直接观察这些不同自我的运作，以及出现的频率、特长和短板。

通过微精通识别你的多个自我

微精通能够明显地、经验性地证明多个自我的存在。我们喜欢学习实践的每一项微精通都代表着一个自我。我觉得自己有必要练习武术，就像我画画、长距离行走、写作、烹饪。它们是我的"自我绳子"上的多个绞股。

但是自我不仅仅是一系列日常的技能。我们必须要有同理心、对他人感兴趣、关心别人。有时要构建，有时要破坏。为了在工作中挥舞他们的工具，木匠和铁匠必须有一个暴力的自我。而园丁则要有一个耐心和爱心满溢的自我。

所有这些自我都可以通过微精通体现，或者作为构成整体的一部分。

什么让你快乐？观察你的细微日常惯例，有些已然发展成完全成熟的兴趣，另一些则可能尚处于萌芽期，有待开发、激活。

开展不同活动时观察自己。活动过程中，寻找那些看上去突然出现的喜欢或不喜欢的事情。不同的自我有不同的喜好。某个自我可能很享受融合于各类人组成的群体中，为事务出谋划策。另一个或许是"隐士"，在几小时的小说创作后浮现出来，甚至不愿意离开公寓半步。但是如果"隐士"被迫出门做大量运动，比如沿山坡向上跑，他可能翻转成"山地人"，一个最大爱好就是进行严苛体能锻炼的自我。

所有的改变始于观察，且必须不加评判。观察不能重复太多次，对这些自我的控制就从这里开始，而不是改变的欲望。

注意到它们后，给每个还没有实践过微精通的自我分配一个任务。如果你有一个喜欢约束、整理、精修的自我，那就派给它一些令人满意的有限任务，比如洗餐具、清洁鞋子、熨烫衣服。或许可以把擦鞋变成一项微精通。之后，如果你需要变得更加能自控、更喜欢整理，只要清理一些鞋子就可以进入这种思维模式。

最近兴起的成人涂色书让人着迷。涂色能激发我们对细节的喜爱，激活控制手工技能的那部分大脑，在如此之多基于键盘的工作中，我们被剥夺了对这部分大脑的使用。涂色微精通可用于进入不同的自我，比如那个更悠闲、更有趣的自我。

《功夫熊猫》（*Kung Fu Panda*）系列电影中的第一部，是最好的一部，其中有个场景很精彩，师父愤怒地说道："内心的平和、内心的平和、内心的平和！"这里传达出的信息很明确：我们无法仅仅用言语或一厢情愿的想法来控制自己的情绪状态。很显然，多自我模式能解释这其中的原因——我们需要进入一个不同的自我，而不是冷静下来。转到一个新的自我时，我们立即就能平静下来。

你曾在生气时出去砍过木头吗？转向一个与体力相关的自我会产生奇妙的效果。有人没见过好消息带来的即时效应吗？我有一次流感卧床时，收到了得到新工作的消息，立刻就从床上跳下来，"痊愈"了。这时是另一个自我做了接管。我并不是说所有的疾病都能如此轻而易举地消失，但某些情况下，处在不适当的自我中会加重可能导致疾病的压力。一旦拥抱而非对抗多自我模式，你就会积极寻找切换方式，而微精通能帮助你做到这一点。

工作时如果能跳转到最好的自我，你会发现任务都太简单了。例如，我特别敬畏日本的武术环境，所以很多时候处于"学生"模式。但实际上，为了做一些激烈动作，最好保持"体格强壮之人"的心态。现在，在必须完成身体相关的学习任务时，我都会锻炼技能并做平衡热身练习，有时候会精疲力竭，所有这些能让用于写作的内在导向自我远离。相反，我用反思性任务来记录前一天最好的时刻，以此进入写作自我。

口琴演奏微精通

尼克·雷诺兹（Nick Reynolds）是火车大盗布鲁斯·雷诺兹（Bruce Reynolds）的儿子，后者于1963年实施了当时最大的抢劫案，最终自首，入狱服刑12年。尼克在没有父亲陪伴的情况下长大，早早发誓永远不走父亲最终银铛入狱的老路，他认识到这多么浪费一个人的潜能。他视加入皇家海军为光荣，并认为其能带领自己走向令人振奋且值得付出的人生。参军后不久，他被送往马尔维纳斯群岛作战，在战列舰上服役，处于阿根廷空军的持续攻击中。

尽管他可能想象过自己只有一个自我——职业水兵，但是很显然，在空闲期，其他自我会涌现，并且要求释放出来。尼克发现自己变得更叛逆，经常违反海军的守则。

这个叛逆自我以毁坏其他自我的最大努力为乐，不过它既可以发展成破坏性的，也可以转向创造性的微精通。如果我们够幸运，艺术就是对日常乏味生活的叛逆表现，而艺术类微精通能够治愈很多人。

尼克有音乐天赋，不过既没意愿也没时间学习复杂的乐器，所以他选了一样最容易的——口琴。同样，尽管没读过艺术学校，他仍然能够画画——像所有人一样。因此，他在海军服役时一直忙着吹奏口琴或画画，这两种技能小有所成后，人们议论纷纷。

他渐渐意识到，海军是一个扼杀创造力灵魂的陷阱。他需要更多的自由来开发自己已有所发展的天赋。作为一名艺术家，他开始绘画，然后用青铜铸造那些他父亲了解的臭名昭著的罪犯的头像。他还铸造了所有已去世的声名狼藉的罪犯的头像，恢复了死亡面具制作这一古老艺术。尼克想用此来吸引人们的关注，看到罪犯们错误的选择。不过很多人表示反对，认为这是对犯罪团伙的吹捧。

通过他的艺术，尼克设法参加了很多由生活在伦敦的波希米亚创意人士组织的聚会。在其中一次聚会上，他展示了自己的另一项微精通，口琴吹奏，受到了人们的喜爱。流行乐队 A3（Alabama 3）需要一名口琴手时，他们想到了尼克，让他加入乐队，这为他的艺术生涯添加了第二条发展线。每项活动都有助于其他活动，商业音乐工作带给他更多佣金，从而能够支持雕塑事业。有一个获得赞誉的事件是，A3 乐队的一首歌曲被选作热播电视剧《黑道家族》（*The Sopranos*）的主题曲。

尊重你的多个自我

没人是天生的律师、医生、水管工、面包师。我们将自己的多股自我编织成一根相当令人信服的绳子，然后希望这世界不会注意到其中的连接。

我们可以通过试着扼杀多个绞股，即多个自我来达到这个目的。我们可以忽略它们很多次的识别请求，将我们的生活分区，或者试着尽最大可能把有冲突的自我集合为一个各方一致的整体。

世界各地的传统智慧认为，我们应该试着将自己的多种个性合而为一，使其与一个总体目标相符合，即"一种生活方式"，这是最佳选择。这里没什么要争论的，唯一的问题是：起初你要如何识别自己许多不同的自我？然后你又要如何密切监控它们？

我想我们需要尊重并识别作为自己组成部分的每个自我。你不可能就那么把自己的一小部分扫进地毯下面，希望它藏匿起来。写作者可能经历过被写作自我控制的阶段，这个自我陶醉于长时间敲击键盘。它厌恶不得不锻炼身体，或与他人交谈，尤其讨厌电子邮件。一段时间后，所有其他自我开始不满于写作自我的严苛控制。总有一天，写作自我会失控，通常会有些诱因，比如阳光明媚的天气、被迫旅行，甚至新发型，然后，突然地，另外的个性做了接管，可能会是锻炼和冒险自我，或会计师自我（在账单需要支付前常遭轻视），或航海者自我（只想在波涛汹涌的大海上扬帆航行）。

临时打破各种自我的运作，然后它们会回头重新开始争夺地位。如果它们有与之关联的微精通，那你就可以开始控制它们了。把它们想象成任性的家庭成员，为了得到关注而打斗，直到被认可、受到尊重、让人知晓，否则它们可不是那么容易对付的。

你的各种自我可能会让你感到意外。对你来说，它们或许显得微不足道，甚至肤浅。可能有一个自我醉心于时装和头饰，尽管你真的相信自己不屑于这些。可能有喜欢制作的自我，做些简单东西，比如拼图或飞机模型。毕竟，连大卫·贝克汉姆（David Beckham）和诺曼·梅勒（Norman Mailer）也都以拥有乐高建筑自我为荣。

朋克微精通

▲

20世纪70年代末和80年代初的朋克乐队因一事而闻名：他们唱的、奏的是真的非常糟糕。然而，他们并不等待他人的许可，虽然有局限性，却仍努力工作，写简单的、不需要很高超的技巧来演奏的歌。许多乐队创作的杰作，也是不专业的音乐家创作的经典歌曲。

朋克精神延伸到了写作。马克·佩里（Mark Perry）在校友史蒂夫·米卡莱夫（Steve Micalef）和丹尼·贝克（Danny Baker）的帮助下，开始投身于他们自己的音乐粉丝杂志，名字叫《鼻涕》（*Sniffin' Glue*）。这本杂志在户外演唱会售卖，非常热门，在音乐杂志领域产生了巨大的影响。后来，丹尼·贝克成了音乐记者和电视台主持人，米卡莱夫因其高水平写作而获得牛津大学的工会奖学金，马克·佩里创建了ATV乐队。

他们想出版杂志，所以开始写作、影印、制作，尽管没人受过训练，也没有任何经验。事实上，从牛津大学毕业后成了表演诗人的米卡莱夫，声称他 15 岁前从来没有读过一本完整的书。[1]

朋克精神强调："为什么不试试呢？"与其傻等理想时刻的到来，不如发现一个简单的版本，一项微精通。不用学习弹吉他，学唱歌好了，多玩，多实验。

遇到一个有博士学位但做的工作并不需要博士学位的人很常见，比如新闻工作。我看到各种各样的学历膨胀正在进行。为什么呢？因为人们太害怕径直走出去做事情了。你不需要为了给报纸或杂志写文章而先在学校待上 20 年（实际上这样可能会让你成为更糟糕的写作者）。虽然我是有限、特定课程的粉丝（这种课程能帮助你学习一些东西），但漫长的学术课程有可能只是庞大的"训练基地"，嗯，为了学习更加漫长的学术课程。

朋克精神来自对当代音乐现状的激烈排斥，渴望与那个时代占娇宠、独霸地位的摇滚和灵魂音乐有所不同。所以，虽然性手枪乐队（Sex Pistols）也梦想成为摇滚明星，甚至采用了诸多老式摇滚乐的标准，他们在各种意义上都仍然是不羁而自创的。

挣脱平凡意味着选择与其他任何人都不同的道路。意思是，运用 DIY 技能实现你的期望，并且立即行动，而不是等上数年。

微精通也有同样的紧迫感。这世界用它的规则与排斥性来威胁我们，打破它们，做你自己的事情吧。选择一项微精通去实践。你可以马上去学习一组简单的问候语，而不是花一大笔钱学一门可能会中途放弃的中文课。掌握了所有问候语后，你就能和任何

---

1 那本读过的完整的书是道格拉斯·贝德（Douglas Bader）的《触摸天空》（*Reach for the Sky*）。

人打招呼，从皇帝到小孩。你将拥有一些不会忘记的知识，以之为出发点，学到更多。

　　唤醒心中的朋克精神，释放、投入自己的兴趣，踊跃参与其间吧。

微精通 vs 全球悲观主义

▲

悲观主义正表现出对消极思想的潜在偏爱，并将其倾泻至人们关于兴趣能量的价值容器中——影响人们对兴趣的价值判断。悲观主义是个骗子，它吸引我们的注意力，却不让我们参与改变。"不值得。"悲观主义者总结道。当然，这世界有不好的东西，但是你可以把自己的兴趣投向光明的、积极的、了解的事情，并努力参与。乐观主义者可能会加入无国界医生组织（Médecins Sans Frontières），成为帮助灾区的医生，而悲观主义者只会浏览互联网，"喜欢"看灾难新闻。

悲观主义随处可见，人们说自己无法改善、学习、继续、改变、领导、追随，在这些充斥着"不能"的土壤里，悲观主义兴旺繁茂。有一种"知情的悲观"，比如当你看天气预报时，内心会产生不被注意到的悲观情绪。后者正是问题所在。

人们会自我设限、自我破坏。只要有一点点极其微小的迹象，他们就会假定自己做不好，那么，如果他们做不好怎么办？那些和我一起参加音盲歌唱课程的人，在黄金时段的电视节目中演唱并得到了报酬，尽管他们"不够好"，但现在也是专业人士了。

内心的悲观主义在自我限制的土地上苗壮成长——"我没时间""我只是个业余爱好者"。这导致了自我破坏——"我无法胜任，所以不会再去了"。这无疑是失败的最大原因，你没能反败为胜，是因为内心的悲观主义告诉你，你"不够好"。

全球文化及英国文化都有其自身的悲观主义烙印。消费文化本质上是悲观、消极的，基本内涵是：购物、餐饮，得到新东西就是我们的最大抱负。记得那个吉列剃须刀的广告吧？"男人能够得到的最好的东西。"呃，或许不是吧。

不要误解我，并没有什么邪恶的"广告博士"在施加影响，也没有一些公司蓄意毁坏普通人的思想；确切地说，导致这种结果的原因是，人们利用各种合法手段，设法合情合理尽可能多地攫取钱财。全方位的广告活动轻而易举地刻画了那些爱好减退的角色，或是那些更愿意买东西而不是做事情的角色，由此产生的渗透效应扭曲了标准和规范。

我们的文化兜售这种悲观主义并为其"拉皮条"，希望我们成为被动的消费者，而不是超人般的生产者。看看那些麦当劳广告，这个世界被描绘成一个低劣的地方，一个吃巨无霸汉堡就是你最大追求的地方。"我就是喜欢它。"

成功文化同样悲观

我们的文化还痴迷于成功，没有成功的人通常被视为失败者。

有些人自我认定为"垮掉的人"或"逃避工作者"，居于这样的角色设定下，他们甚至可能获得"成功"（杰克·凯鲁亚克作为"垮掉的一代"的早期人物，49岁死于酗酒，大多数著作已绝版，后来却被重新定义为"成功者"）。

成功文化最简单、最基本的模式是彩票中奖。目标千篇一律：你再也不需要工作了。我曾见过一位自以为是的女士，声称现在获得了梦寐以求的"成功"，因为她在州彩票中赢了8,000万美元。但是她与中奖前毫无二致。有钱固然很好，但钱只是一种工具。这就像是说：现在我有一台大挖掘机了，我一直梦想的成功实现了。但是你要挖什么呢？你用那笔钱准备做什么？买一幢大房子和很多汽车？不论有无修饰，你都仍然是个傻瓜。

人们幻想着购买大房子、土地、农场，但他们常常最终将其交予他人管理。就像北约克郡湿地国家公园管理局（North York Moors National Park Authority）的森林警官马克·安特克里夫（Mark Antcliff）告诉我的那样，"你无法购买生活方式"。人们没有意识到，"理想工作"其实需要很多默默的劳作，而不只是金钱，不只是成为他人眼中的表象。已有人明智断言，生活更多在于"喜爱自己在做的事情"，而更少在于"喜欢什么做什么"。通过微精通，你能发现自己愿意做的事情，然后努力去做。

相比中彩票这种无足轻重的成功，作为真正成功的微精通，其开发成本很低。我当然也喜欢钱，但关键是它并没有消除我做事情的需求。它唯一的优点是，能允许你释放、投入更大的兴趣，但是如果你不具备可以做好自己喜欢的事情的微精通基础知识，有钱也是无济于事的。

"成功文化"散发着怪异的气氛，不同于这种表面荣耀与深层悲观的组合，大多数成功人士都颇为平凡且乐观。他们仅仅是发现了自己喜欢的事情，并为之付出很多。最终，他们同样找到了获得报酬的方法。

成功文化与生俱来的悲观主义认为，"只有成功人士才有价值"，这与"只有他人成功了"的观点息息相关。如果我们暂且不论达到成功是多么艰难，而是着眼于建立发展自己的兴趣、才干、技能，我们会看到，唯一真正的"成功"在于不断完善自我。其他一切都只是偶发事件。如果一个人学到了东西，关心别人，磨炼了技能，传授知识给他人，发展了才华，找到并做好了事情，那么这个人的生活就可以看作是一种真正的成功。

微精通每次都能碾压悲观主义。一切的前提在于每个人都能尝试，任何人都可以微精通很多事情。微精通的数量几乎无限。我已经在本书中详述了三十多种，但只是冰山一角。每个领域，如运动、商业、艺术、手工，都有其潜在的许多微精通。而且它们都在那里，只待你去尝试。

喜欢了解冰岛中世纪的英雄传奇故事吗？（游览冰岛首都雷克雅未克时，这些故事会很受游客欢迎。）好的，现在开始吧。希望知道如何在山上翼装飞行？有很多课程啊。想成为寿司大王或是黑刺李杜松子酒的制作者？一切都在等待着，你有权对任何事情感兴趣，只要愿意，你可以致力于任何微精通。这并不意味着要终身投入，只是短时间热切地沉浸其中即可。你可以根据自己的愿望选择做长久或短暂的停留。

悲观主义能将你埋葬好多年。然后有一天，你苏醒过来，猛地拉开窗帘，说："嘿！这世界真令人难以置信，充满让人惊叹的机会，能把事情和人都变得更好。"

微精通能击退悲观主义，带给你优势，实现真正的改善。达到了某项微精通后，不论你处于多么低落的状态，它都不会弃你而去。它会成为你永久的、积极的、传承的一部分。你可能会沮丧，觉得："我浪费了人生。"然后你会想起来："哦，起码我能做那个，至少我做过那个。"基于这些微小的开端，你能努力重新领悟到，生活中的机会是无穷无尽的。

大、更大、最大的蓝图

▲

　　所以，你学习了这些微精通，变得更加多才多艺、更快乐、更成功（当然，广义而言）。但是，做这一切真正重要的理由是什么呢？那肯定是个人（包括你和我）的成长，这种成长可以用最终实现的各种自我的整合程度来衡量。

　　以牺牲其他自我为代价，来过度发展某种自我毫无益处。这种自我可能是为了服务于某种组织，比如军队、企业、家庭，你可能是一只优秀的"工蜂"（比如那些为公司尽心尽力而死于过度工作的日本高管），但这不是你来到这个星球上的理由。我们不是为了纯粹世俗的原因而待在地球上，任何无视人类需要应与生命中更大的奥秘相关联的动机，最终都将是自欺欺人。

　　要做到这一点，你需要成为更优秀的人，更完整协调，更举足轻重，更有洞察力，更富同情心，适应能力更强，更加精力充沛。一个痴迷于股票价格、美容产品或玩具火车的单一自我无法支撑运转你的真正人生。你知道自己是各种自我的综合体，这些自我需要整合成更高的水平，以关联更深层次的现实生活。

我们的多个自我相互竞争并要求得到认可，但它们也会相互攻击和轻视。在处于商业自我时看绘画或摄影作品，我常常不假思索地否定这些作品，但如果是艺术家自我，我就愿意欣赏和赞美。商业自我想要压制其他任何自我。

花些时间观察自己对事物的不同反应。比如食物，一个自我可能喜欢健康食品，而另一个却喜欢享受更"罪恶"的快感，坐在驾驶座上对这种健康食品冷嘲热讽，奚落其为没法入口、无聊至极。所以，我们不仅因这两个自我的切换而失去了能量和方向，也因其攻击其他自我而损失更多。因此要从这里开始尝试集成多个自我。

将这些迥然不同的自我整合成一个有用的有机运作体系就像集体遛猫，或许可以做到。所需要的是强有力的、令人信服的支配一切的身份，这才能将这些元素整合到一起。这个身份必须不仅是一个职位描述。你不能指望"出租车司机"这个名词能涵盖一切你所珍视的组成部分。

我认识一位曾是摇滚乐队鼓手的人，他几乎达到了成功，然后放弃了，成了一名通讯员。他没有继续打鼓，扔掉了所有东西（把整套装备都给了我），穿着皮草，开着昂贵的宝马汽车，试图尽可能表现得"专业"，很不屑于以前的生活。他试着在一个静态定义——一个职位描述下整合一切。而且不幸的是，作为一名通讯员，他比另一个骑着破旧自行车的人更不成功，那个人充满活力，更讨人喜欢，还自认为是"环球旅行者"。

拉姆齐·伍德（Ramsay Wood）是诗人、摄影师、商人，他曾告诉我，"诗人"身份远远好过只是"作家"。那时候我不明白为什么，但是现在我懂了。诗人身份证明了你和神秘而有价值的东西联系得更紧密，这是一种更高层次的身份认同。

是否寻求更高层次的身份认同取决于我们自己，这种身份认同连接并联合我们拥有的所有不同元素，阻止我们众多自我中的某一个谋杀其他自我，鼓励我们个性中的各个方面成长发展。随着时间推移，实现了微精通的事情会给出线索，判断你适合哪种更高层次的身份。仅仅只是意识到这一点，就有助于你找到一个能更好融入生活的身份。

如果过度开发脑力，到头来你可能轻视他人，这是同理心发展的失败结果。倘若对他人关心过度，你最终可能会阻碍他人习得自立能力，这是洞察力的失败。很明显，过度发展某方面是荒诞的，但不能仅因这一点就说明我们不能尝试开发所有的方面。

瞥见你的潜力

拥有自由博识的世界观可能会带你涉足很多事情。微精通是一种方法，能让你在涉猎过程中探知自己真实而惊人的潜力。它是一种实践性的博识，也是一条路径，能真正实现一生做很多事情的梦想（就是那些列在你个人遗愿清单上的事情，就像克利福德·皮科夫的愿望清单那样）。

它也是进入一个你可能最终想要精通的学科的绝好方法。我曾见过一些人被认为叛逆而懈怠，不可能学到任何新东西，但是1年后，他们以黑带身份走出了合气道道场。他们是从单一动作开始学起的，从实现一项微精通开始。

我也曾遇到一些没什么正规教育背景的人，学习一门很难的外语，从零基础到流利娴熟。他们从进入语言学校学会点餐和选咖啡开始，这也是一项微精通。

微精通让人们重获动力来释放、投入自己的兴趣，并积极参与进去。这种理念在某些时代很受欢迎，否则我们如何解释历史上"博识盛行"时期的人才"爆炸"现象，比如伊斯兰政权统治时期的西班牙，伊丽莎白时代的英格兰，革命时期的美国？人们一旦意识到自己的任务是在每个方向上开发自己的潜能，这世界将变得更美好、更光明、更文明。

微精通与任何形式的狭隘的宗教激进主义截然相反，后者试图束缚人们，促使其局限于某种世界观。而微精通从小处着眼，小事着手，是为成为真正的超人而迈出的第一步。

出 版 后 记

"××看起来真有趣，我也想学。"生活中，我们或多或少都发出过这种感叹。但是，没时间、报班贵、找不到头绪，面前的障碍总是那么多。久而久之，曾经胸中炽热的学习火焰渐渐熄灭，每天一边放空吐槽，一边机械性地重复前一天的生活。

然而，贯彻着"想做就做"学习理念的特威格尔发现，自己渐渐掌握了很多别人不会的技能，虽然算不上大师，但可以在大家面前自豪地露一手，这就是微精通。微精通并不难，也不会花很多时间，它就是你想要做、乐于做的事情，可以是烘焙、摄影、绘画，也可以是酿酒、缝纫、木工……只要遵循兴趣，找到重点和难点，加以针对性的反复练习，你就可以摆脱沉闷的昨天，重塑有趣的灵魂，学到实实在在的技能。

很多人都深陷在成功主义的陷阱之中，用各种各样的数字来衡量人生，花无数个小时追求一件事的完美，却忽略了自己的兴趣和各种潜力。不如来学点儿让别人羡慕的东西吧，没什么好怕的，你不用成为专家，只要迈出第一步，就能慢慢做好，像微精通一样！

服务热线：133-6631-2326　　188-1142-1266

服务信箱：reader@hinabook.com

后浪出版公司

2018 年 11 月

图书在版编目（CIP）数据

微精通 /（英）罗伯特·特威格尔著；欣玫译 . --
南昌：江西人民出版社，2018.12（2023.11 重印）
ISBN 978-7-210-10873-3

Ⅰ . ①微… Ⅱ . ①罗… ②欣… Ⅲ . ①成功心理—通
俗读物 Ⅳ . ① B848.4-49

中国版本图书馆 CIP 数据核字 (2018) 第 240367 号

Micromastery
Copyright © Robert Twigger, 2017
First published 2017
First published in Great Britain in the English language by Penguin Books Ltd.
Published under licence from Penguin Books Ltd. Penguin (in English and
Chinese) and the Penguin logo are trademarks of Penguin Books Ltd.
All rights reserved.

封底凡无企鹅防伪标识者均属未经授权之非法版本。
本书中文简体版由银杏树下（北京）图书有限责任公司出版发行。
版权登记号：14-2018-0290

微精通
WEIJINGTONG

作者：[英] 罗伯特·特威格尔　译者：欣玫
责任编辑：冯雪松　特约编辑：俞凌波　筹划出版：银杏树下
出版统筹：吴兴元　营销推广：ONEBOOK　装帧制造：7 拾 3 号工作室
出版发行：江西人民出版社　印刷：嘉业印刷（天津）有限公司
889 毫米 × 1194 毫米　1/32　6.75 印张　字数 151 千字
2018 年 12 月第 1 版　2023 年 11 月第 8 次印刷
ISBN 978-7-210-10873-3
定价：38.00 元
赣版权登字 -01-2018-835

后浪出版咨询（北京）有限责任公司　版权所有，侵权必究
投诉信箱：editor@hinabook.com　fawu@hinabook.com
未经许可，不得以任何方式复制或抄袭本书部分或全部内容
本书若有印、装质量问题，请与本公司联系调换。电话：010-64072833